Spring

月子中心管理丛书

月子膳食营养餐

袁方德——编著

内容提要

本书为月子膳食食谱，采取图文结合的方式，呈现营养和色、香、味俱全的月子餐搭配。全书分为六部分。前三部分为分品类、分阶段的膳食食谱，包括第一部分的滋补汤品，第二部分的纯手工甜品，第三部分的月子餐菜品。后三部分围绕更有针对性的与月子餐相关的话题展开，如：第四部分为十大月子餐禁忌，第五部分为十五大月子餐争议食物，第六部分为针对各种病理性产妇的膳食方案。书后还附有十余种养生茶配方和膳食营养金字塔，供读者参考。

图书在版编目(CIP)数据

月子膳食营养餐 / 袁方德编著. -- 上海 ：上海交通大学出版社，2020
（月子中心管理丛书）

ISBN 978-7-313-23239-7

Ⅰ．①月… Ⅱ．①袁… Ⅲ．①产妇-妇幼保健-食谱 Ⅳ．①TS972.164

中国版本图书馆CIP数据核字（2020）第078514号

月子膳食营养餐
YUEZI SHANSHI YINGYANGCAN

编　　著：袁方德
出版发行：上海交通大学出版社　　地　　址：上海市番禺路951号
邮政编码：200030　　电　　话：021-64071208
印　　制：常熟市文化印刷有限公司　　经　　销：全国新华书店
开　　本：710mm×1000 mm 1/16　　印　　张：8.5
字　　数：81千字
版　　次：2020年7月第1版　　印　　次：2020年7月第1次印刷
书　　号：ISBN 978-7-313-23239-7
定　　价：80.00元

编委会

总序

随着人们对科学“坐月子”的认知度越来越高，产妇以及家属对月子中心的专业护理与科学哺育的认可度越来越高，社会对月子中心的接纳程度也越来越高。

据不完全统计，2019 年我国月子中心已经从一线城市发展到三四线城市，光大陆地区数量就达 7 000 多家。据行业权威人士预测，在未来 3 年之内，我国月子中心数量将达到 2 万家左右。

月子中心先在我国台湾兴起，之后由我国大陆市场崛起。目前，这一产业已经延伸到我国香港地区，以及马来西亚、新加坡、韩国等国家。

在国内，随着国家层面对母婴行业的日益重视，很多高瞻远瞩的投资家、有远见卓识的企业家都开始关注月子中心行业。这批资本精英除了已经在我国大陆本土开疆扩土、布局月子中心之外，也在世界各地投资开展月子中心的相关项目，月子中心从中国走向世界将势不可挡。

可以相信，在不远的将来，凡是有华人的地方就会有月子中心；

可以预见，在不远的将来，月子中心将会遍布于世界各个角落。

由此可见，月子中心产业将会是国民经济一个重要的组成部分。

月子中心，是护理机构，也是服务机构，但说到底是一个企业单元，一种具有自身特色的企业。月子中心行业是一个新兴的现代服务行业，国内外没有一家高等院校配备有专业的课程设置，在学术界也没有成熟的理论体系。到目前为止，虽然月子中心业态已经具有 15 年左右的成长历史，但因为行业内的企业创始人或管理团队的背景各不相同，每家企业的管理思想与运营架构差异也很大。而同时，该行业又孕育着巨大的潜力和对于人才的大量内在需求，因此，越来越多的精英人士投身其中。但是，由于月子中心行业缺乏成熟的科学管理理论，势必就会制约其发展。因此，要持续发展，就必须具备一套该行业的体系化的科学管理理论。

为了响应月子中心行业管理者的需求，提炼该行业成功的管理理论；推动该行业的高端培训与教育，经上海交通大学继续教育学院批准立项，于2017年初成立了“上海交通大学母婴产业管理精英课程研修班”项目组。

项目组成立后，我们邀请中国月子行业知名人士徐宁、金志波、邱隽熹三位先生共同创立“上海交通大学月子中心总裁班”，开启了中国母婴精英管理高端教育先河。

在徐宁、金志波与邱隽熹三位先生的影响下，陈静芳、袁方德、丁一兵、徐红、郭卜滋、钱桂芳等越来越多的月子行业精英加入讲师团队。讲师们把自己多年来的管理企业经验与教训总结成系统课程，亲自向来自同行的学员们讲授。

“上海交通大学月子中心总裁班”课程经过三年多的打磨，获得了学员们的高度信赖，已经成为月子中心高端管理课程的高端教育品牌。学员把学习到的知识运用到企业管理中，避开了弯路，取得了显著的成效。

为了推动月子中心行业的发展，也为了提升月子中心管理者的经营能力、广泛传播月子中心管理文化，“渊春母婴”与上海交通大学出版社共同决定出版“月子中心管理丛书”。该丛书是月子中心科学管理的集大成者，作者均为“上海交通大学月子中心总裁班”精英讲师。我们相信该丛书将会成为月子中心的经典著作、月子中心文化教育的耀眼明珠！

在此感谢各位作者无私的奉献，你们是月子中心文化教育的灿烂明珠！

在此感谢上海交通大学出版社，你们是月子文化教育的文明使者！

秦小文

2020年1月

序

近十年来的科学研究和流行病学调查发现，作为人生的初始阶段，胎儿、新生儿、婴幼儿阶段的营养和健康不仅影响着孩子的近期生长发育，而且与其远期，甚至成人期的健康密切相关。这一生命早期 1 000 天的人类健康问题也受到全球公共卫生部门的关注。分娩后的产妇在产褥期的合理膳食营养，不仅有利于自身经受妊娠期孕育胎儿的营养付出和分娩时的应激消耗，还有利于对自身的生理状况进行修复和体力恢复。此外，分娩后的产妇还要额外提供足够的营养来制造世界上最适合自己宝宝、最营养的母乳，以喂哺正处于生长速率最快阶段的新生宝宝，此时母亲乳汁质和量的保证也是极其重要的。

对于坐月子和月子餐的讲究一直是我国的传统习俗，也永远是广大产妇、新上位的奶奶和外婆们热切关注的话题。月子餐可简单解释为产妇在坐月子期间的餐饮，或者是坐月子期间的饮食调理。随着我国经济、食物供应和餐饮业的高速发展，百姓餐桌上的菜肴也是日渐丰富多彩和五花八门，孕产妇的饮食嗜好和饮食健康问题也相继出现转变。除了以往多见的贫血（缺铁）、骨质疏松（缺钙或维生素 D）、新生儿甲状腺功能减退（缺碘）和新生儿神经管发育不良（缺乏叶酸）等营养摄入不足造成的健康问题外，更多见的是营养过剩、代谢紊乱，如妊娠糖尿病、高脂血症、产后肥胖等。因而，在如此关键的坐月子阶段，如何提供产妇所需的美味、高营养餐饮？既要做到吃得合理、吃得健康，保证产妇能够有充足的泌乳并提供给宝宝含有足够营养素的乳汁，又要规避乳母因摄入过度的能量和脂肪导致持续肥胖和体重飙升的情况，维持乳母血糖和血脂的稳定，预防乳腺炎等。这样的难题和矛盾如何平衡掌控，对于大多数产妇及其家属，以及月子餐制作者来说都会是非常大的挑战。

本书作者袁方德作为一位中国烹饪大师、高级技师、健康管理师、上海浦东新区烹饪协会高级顾问、连续十多次国际和国内烹饪行业的专业大奖获得者，秉着对烹饪专业的热爱，通过自身对营养学不断的努力学习和知识更新，以及对产褥期女性生理学知识的掌握，整合了食物加工和营养学的技能，在长达十多年的月子餐饮的烹饪实践中积累了丰富的经验，根据产褥期妇女各阶段的病理生理变化特点以及产妇个体的体质和疾病状况，整理和总结出了一整套月子餐推荐食谱，分别给出具体的制作步骤并配以清晰精美的成品图谱，显示了大厨对菜肴的色、香、味和营养的追求。同时，书中也对当下针对坐月子期间食材选择的一些常见误区和宜忌知识作了详细的分析。作者希望能通过本书，把齐全的月子餐食谱和烹饪方法分享给需要学习和掌握月子餐制作的产妇家庭成员、住家月嫂和月子中心厨师们，也为新手宝妈们的自身健康和新生小宝宝的茁壮成长，贡献自己的一份力量。

我为袁方德先生对烹饪事业的热爱和精益求精的匠人精神所感动，衷心希望读者经过参考这本图文并茂的月子餐制作手册，能为新手宝妈（也许是您的夫人、女儿、儿媳）制作出美味而营养的月子菜肴，成为月子餐制作的民间达人和高手。

新华医院临床营养科主任医师

2020 年 4 月 12 日

前 言

2020 年正好是我从事餐饮行业 30 年。为了帮助更多需要帮助的业内同行，一直以来，很想写一些关于月子餐菜品的专业书籍。从我做社会餐饮 14 年后转行到做月子餐以来，发现月子餐对产后母乳的喂养和产后体形修复来说都特别重要。记得 2005 年时刚刚学做月子餐，对营养月子餐厨师这个行当产生了由衷的钦佩与热爱。因为月子餐就是用最简单和最普通的食材做最精致和最美味的菜肴，这是我们社会餐饮的一般厨师所达不到的。随着近几年母婴事业的蓬勃发展和二胎政策的开放，月子餐饮行业愈发壮大。这几年我一直从事月子餐饮的带教工作。每到一家店，我都会钻进厨房和厨师聊天，帮助他们了解菜品背后的故事，告诉他们月子餐的灵魂在哪里。每一次的带教，都是一次心灵的沟通，这也促使我把自己对月子餐的真实感触写下来。

简单、营养和美味，其实是特殊时期宝妈们对月子餐最初的追求。因此，我设计的菜都不复杂。但在烹饪中，我要求我的团队都必须用心。产妇把胃都交给你一个月了，你的菜不是给人留下好的记忆，就是被人家一直投诉。吃过我设计的菜品的产妇，基本上在离开月子中心之前都会向我要配方和烧法。周末，我也会经常去各大家政公司普及月子餐的理论课程。从 2018 年起，我也开始为上海交通大学月子中心总裁班及总厨班上课，给全国各大月子中心的经营者及总厨们讲解月子餐及月子中心厨房管理类的课程。在广大热心学员们的强烈要求以及秦小文先生的帮助下，我开始重新整理我的月子餐菜谱，准备正式出版。本书中所有菜品图片都是日常工作中拍摄积累下来的，没有经过任何修饰，以便学员们看得更真实、学得更轻松。本书中所有的菜品也没有精确到多少克，因为每一个月子中心的菜品种类也不一致。有些月子中心是三菜一汤，而有的月子中心是四菜一汤。针对家庭和提供三菜一汤的月子中心，我建议每个菜菜量为125克。如果是提供四菜一汤的月子中心制作，每个菜的量为100克。切记，每一个菜的量不宜过多。

产褥期吃的所有餐点，我们简称为月子餐，但本书所列的月子餐比较特殊，有别于传统餐饮业，烹饪方式基本以蒸、炖、炒、煮、焖为主。而且出品效果一定要做到色、香、味俱全。我对菜品的刀工、烹饪的火候、装盘的技巧，还有食材的新鲜程度都特别讲究。

首先，我所带教的月子中心厨房的冰箱是零库存的，所有食材（除冷冻品外）必须当天采购，因而每天的食材都是新鲜的。对于月子餐，每天的食材搭配一定要合理，尽量不要重复。为保证每一个阶段的营养均衡，还要及时针对产妇每一天的身体状况对餐点进行动态调整。

其次，月子餐的饮食调理一定要少食多餐，以三餐三点为宜，少油（每人每天25~30克），少盐（每人每天小于6克），低糖（每人每天低于50克）。因为，月子里的妈妈也不能过多运动，如果吃太饱，很容易引起胃下垂；不运动，卡路里消耗不了，很容易发胖。而且餐点差不多每2小时吃一顿，如果这一顿吃太饱下一顿肯定吃不下，所以产后要想保持体型，就要劳逸结合，合理安排膳食，保持营养平衡，生活有规律，并适当加以锻炼。月子里“吃得好”“吃得多”并不是所谓的大补，但一定要“吃得对”，“吃得对”既能让产妇的奶量充足、乳腺顺利张开，又能修复元气，且营养均衡不发胖。这才是我们需要帮助新手妈咪达到的效果。同样，也是我写作这本书的初衷。

袁方德
2020年1月

目录

PART 02 纯手工甜品 / 013

第二阶段

强筋固腰周

第三阶段

利气补血周

第四阶段

滋养进补周

PART 01
滋补汤品

木耳海参猪肚汤

原材料：黑木耳，水发海参，猪肚，枸杞

制作方法：

1. 猪肚加面粉和白醋清洗干净，然后切小段；

2. 黑木耳提前 30 分钟用清水泡开，洗净撕成小块；

3. 去除水发海参里面的沙泥，清洗干净；

4. 先将猪肚条出水，然后放入锅中，加生姜片、少许黄酒和适量清水，大火煮开后，以小火煲 1 小时，再把黑木耳和海参倒入煮 15 分钟左右，加入洗净的枸杞，即可调味出锅。

虫草花乌鸡汤

原材料：乌鸡，虫草，胡萝卜，红枣，枸杞

制作方法：

1. 将乌鸡清洗干净，斩成小块，加葱姜、黄酒出水，然后清洗干净备用；
2. 胡萝卜刨皮切滚刀块，红枣、枸杞和虫草花都清洗干净备用；
3. 往锅里加水、生姜片，然后把乌鸡倒入一起煮开，等水开之后，把胡萝卜、虫草花、红枣、枸杞一起加入，小火煮30分钟，并加少许盐调味即可。

黄豆猪脚汤

原材料：猪脚，黄豆，枸杞

制作方法：

1. 黄豆提前4小时泡好，让它完全胀开；
2. 猪脚清洗干净，最好是用刀具把毛全部刮干净。切成小块，出水，撇去泡沫，然后倒出备用；
3. 往锅里加水和生姜，把出好水的猪脚和黄豆倒入煮开，待水开后，以中小火继续煮40分钟后再加入少许洗净的枸杞，并加少许盐调味即可。

黄花菜鱼龙骨汤

原材料：鱼龙骨，黄花菜，枸杞

制作方法：

1. 黄花菜、枸杞提前泡好，清洗干净；
2. 鱼龙骨清洗干净，斩块；
3. 把鱼龙骨两面煎黄，加入生姜片，再加适量开水一起熬煮，直至汤白，然后把清洗好的黄花菜、枸杞放入再熬 3 分钟即可调味出锅。

黄芪公鸡汤

原材料：公鸡，胡萝卜，虫草花，黄芪，枸杞

制作方法：

1. 胡萝卜刨皮，清洗干净，切滚刀块备用；
2. 准备好 1~2 片黄芪和 3~5 粒枸杞，分别清洗干净，干虫草花泡水清洗干净；
3. 将公鸡清洗干净，斩小块，然后加入黄酒和生姜片出水备用；
4. 往锅里放水，把黄芪与生姜、鸡块一起放入煮开，然后改中小火，把虫草花、枸杞、胡萝卜放入再小火焖 30 分钟。加少许盐调味即可。

竹荪鸽蛋乳鸽汤

原材料： 乳鸽，竹荪，鸽蛋（或鹌鹑蛋），枸杞

制作方法：

1. 竹荪提前泡好、两头剪干净，并清洗枸杞；
2. 鸽蛋（或鹌鹑蛋）煮熟，去壳备用；
3. 乳鸽清洗干净，斩小块，加入黄酒和生姜片出水，并将出过水的乳鸽再清洗干净；
4. 往锅里放水，把生姜片和乳鸽一起放入煮开，再加入竹荪，小火焖 30 分钟，然后再加入鸽蛋（或鹌鹑蛋）继续煮 5 分钟，加入枸杞，即可调味出锅。

通草鲫鱼豆腐汤

原材料： 鲫鱼，豆腐，枸杞，通草

制作方法：

1. 鲫鱼刮鳞，破肚，去腮，清洗干净，然后切成两小段；
2. 豆腐切成麻将块，出水备用，通草清洗干净后用水泡着备用；
3. 锅烧热滑油，然后将姜片煸香，把鲫鱼倒入后两面煎黄；
4. 加适量开水，没过鲫鱼背，倒入洗净的枸杞、通草，一起大火熬 10 分钟左右，然后再把通草挑出来弃用；
5. 鲫鱼汤中加入出好水的豆腐，放少许盐和胡椒粉调味即可。

山药炖牛腩汤

原材料：牛腩肉，山药，番茄，虫草花

制作方法：

1. 牛腩肉清洗干净出水，把上面泡沫撇掉之后再次清洗干净备用；
2. 番茄划十字刀，开水烫一下，去皮，切块；
3. 山药刨皮，然后切成滚刀块；
4. 往锅里放油，把番茄煸透，加水，加生姜片，然后把牛腩和虫草花一起放入大火煮开，再以小火焖 30 分钟，再把山药加入煮 10 分钟，然后用少许盐调味即可。

三丝豆腐羹

原材料：豆腐，胡萝卜，黑木耳或香菇，里脊肉，鸡蛋 1 个

制作方法：

1. 豆腐、里脊肉、胡萝卜、黑木耳或香菇全部切丝；
2. 把肉丝用鸡蛋、生粉和少许盐上浆；
3. 先把胡萝卜丝、香菇丝或黑木耳丝一起出水，之后再把豆腐丝也出水；
4. 鸡蛋敲碎打匀；
5. 往锅里放水，把出好水的丝全部放入一起煮开，然后用少许盐调味，再用生粉勾芡，最后将鸡蛋淋上，加入几滴麻油即可。

清炖石蛙汤

原材料：石蛙，枸杞

制作方法：

1. 石蛙剖肚去内脏，去头去皮清洗干净，斩成小块出水，然后撇去泡沫，再次清洗干净备用；
2. 将枸杞清洗干净；
3. 把石蛙放进汤盅，加少许盐调味，加入生姜片、放 4~5 粒枸杞上蒸箱，蒸 30 分钟即可。

昂刺鱼豆腐汤

原材料：昂刺鱼，豆腐

制作方法：

1. 把豆腐切成麻将块；
2. 昂刺鱼清洗干净，往锅里放少许油，加生姜片，然后把昂刺鱼两面煎一下，再加入开水大火煮透；
3. 待锅里的汤汁煮白，把豆腐放入煮开，加少许盐调味即可出锅。

海带排骨汤

原材料：排骨，海带结，枸杞

制作方法：

1. 提前一天将海带结泡开，然后清洗干净；
2. 排骨清洗干净，斩成小块，加葱、姜、黄酒一起出水，然后撇去泡沫，再次清洗干净备用；
3. 往锅里放水，把海带结和排骨一起放入煮开，然后小火焖 30 分钟，再把枸杞倒入煮 3 分钟，调味即可出锅。

木瓜仔排汤

原材料：仔排，黄木瓜，枸杞

制作方法：

1. 仔排清洗干净，斩成小块，然后出水撇去泡沫，倒出来清洗干净；
2. 黄木瓜去皮去籽，切成麻将块备用；
3. 往锅里加水加生姜片，把排骨煮开，焖 30 分钟后再把木瓜和枸杞一起倒入，再煮 5 分钟即可调味出锅。

鸡煲鱼胶汤

原材料： 公鸡，鱼胶，虫草花，胡萝卜块

制作方法：

1. 将公鸡清洗干净，斩块出水备用；
2. 将鱼胶提前一天泡开，虫草花提前 5 分钟泡开，清洗干净；
3. 往锅里放水，加入生姜片、虫草花和鸡块一起煮开，然后调至小火，把鱼胶放入焖 30 分钟，加入少许盐调味即可。

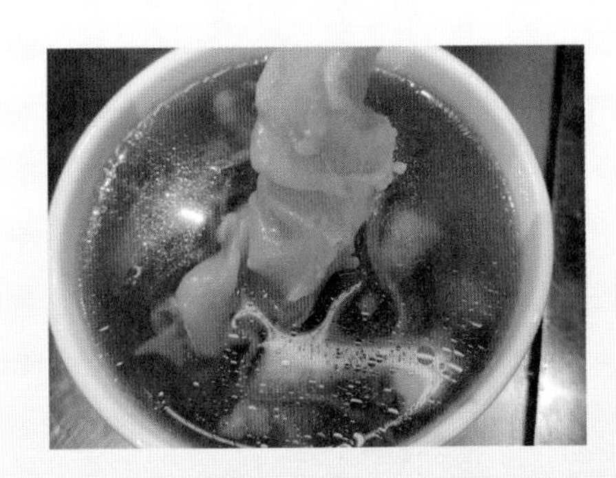

丝瓜猪肝肉片汤

原材料： 猪肝，里脊肉，丝瓜，虫草花

制作方法：

1. 将猪肝清洗干净，切片，再用活水冲净血水；
2. 将丝瓜去皮，清洗后切滚刀块备用；
3. 将里脊肉清洗干净切片，然后用盐、料酒腌制 10 分钟左右；
4. 把冲好水的猪肝和肉片分别出水备用；
5. 在锅中加入清水，放丝瓜和虫草花煮开，然后再把猪肝和里脊肉煮到食材熟透，加少许盐调味即可。

山药杜仲猪腰汤

原材料：猪腰，山药，杜仲，胡萝卜

制作方法：

1. 将 2 片杜仲清洗干净，放适量的水熬汤备用；
2. 将猪腰清洗干净，对半剖开，把上面的一层白衣去掉，再把内部腰骚部分全部去掉，然后把猪腰切成梳子片，用活水冲洗干净；
3. 在锅里烧水，然后把腰花烫 15 秒之后清洗干净备用；
4. 将山药和胡萝卜分别去皮，然后切成滚刀块备用；
5. 把山药和胡萝卜放入杜仲汤里煮熟，放入少许盐调味，然后再把猪腰片放入煮 3 分钟后，淋上麻油，即可出锅。

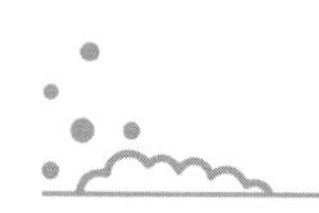

鸡煲猪肚汤

原材料：公鸡，猪肚，干贝枸杞

制作方法：

1. 将猪肚用白醋和面粉清洗干净，然后切块出水备用；
2. 将公鸡清洗干净，斩块，出水备用；
3. 往锅里放水，把猪肚熬 20 分钟左右，然后把鸡块和干贝一起放入，小火熬 40 分钟后加入枸杞，然后调味即可。

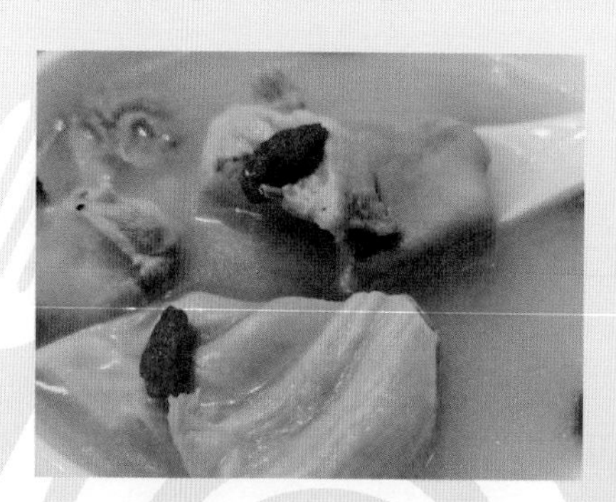

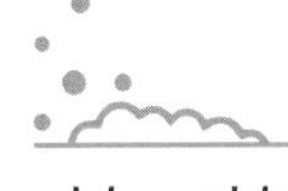

莲 藕 瘦 肉 汤

原材料：里脊肉，莲藕，枸杞

制作方法：

1. 将里脊肉切小块，加黄酒和葱姜一起出水备用 ；
2. 把莲藕去皮，切成小滚刀块；
3. 往锅里加水，把里脊肉和莲藕一起放入，加姜片和枸杞一起熬，水开后改为中小火熬 30 分钟后调味即可。

干贝冬瓜鸭子汤

原材料：草鸭，干贝，冬瓜

制作方法：

1. 把鸭子剁成小块，放葱姜和黄酒出水备用；
2. 冬瓜去皮切成麻将块备用；
3. 干贝提前 2 小时泡好，清洗干净；
4. 往锅里放水和生姜，然后把鸭子倒入煮，水开之后把干贝先放入，以小火煮 40 分钟，再把冬瓜倒入煮 10 分钟，之后把上面一层油撇掉，放少许盐调味即可。

莲藕玉米猪蹄汤

原材料： 玉米，猪蹄，莲藕，枸杞

制作方法：

1. 玉米洗净切段，然后再对半切开备用；
2. 莲藕去皮洗净，切滚刀块，枸杞洗净泡开；
3. 猪蹄洗净斩小块，加入黄酒和生姜片出水，然后捞出备用；
4. 锅内放入适量的清水，放入猪蹄和玉米块，大火烧开转小火炖 30 分钟，然后把莲藕放入再炖煮 30 分钟，加入枸杞，即可调味出锅。

无花果老鹅肉汤

主料： 老鹅，无花果，红枣，枸杞，虫草花

制作方法：

1. 老鹅清洗干净切块，加入黄酒和生姜片出水备用；
2. 虫草花、枸杞、红枣和无花果清洗干净备用；
3. 往锅里放适量的水，加入姜片和少许黄酒，然后再把出好水的老鹅块放入，开大火烧开；
4. 水烧开之后，把清洗干净的虫草花、无花果、枸杞和红枣一起都放入，以小火慢慢炖 40 分钟；
5. 待鹅肉酥烂，加少许盐调味，拂去上面的油即可装盘。

PART 02

纯手工甜品

椰丝双色球

原材料：糯米粉，紫薯，南瓜，椰丝

制作方法：

1. 把紫薯和南瓜分别去皮，分别打成汁；
2. 把紫薯泥和南瓜泥分别用糯米粉拌成两种颜色的糯米团；
3. 把豆沙搓成小团；
4. 将两种颜色的糯米团分别做成圆子，然后把豆沙团裹入；
5. 往锅里放水，水开后把做好的糯米团子放入锅内烹煮，待圆子浮起将其捞出，滚上几层椰丝即可。

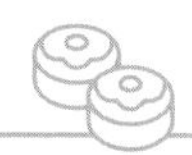

雪梨牛奶炖桃胶

原材料：雪梨，桃胶，牛奶，枸杞

制作方法:

1. 把雪梨刨皮，然后把核挖干净在蒸箱里蒸 20 分钟备用；
2. 提前 12 小时将桃胶泡开，把杂质挑干净后再清洗，然后加入适量冰糖，上蒸箱蒸 30 分钟后端出，加入适量牛奶拌匀；
3. 把拌匀的桃胶灌入雪梨，用事先泡好的枸杞点缀即可。

迷你南瓜炖雪蛤

原材料：迷你南瓜，雪蛤，枸杞

制作方法:

1. 将迷你南瓜清洗干净，然后把盖子切下，挖空内里，将其边缘雕刻成锯齿状，上蒸笼蒸 10 分钟；
2. 提前两天将雪蛤泡好，清洗干净，然后上蒸笼蒸 20 分钟后拿出，与蜂蜜调和；
3. 把调和好的雪蛤放入迷你南瓜内，用事先泡好的枸杞点缀即可。

牛奶芡实火龙果

原材料： 新鲜芡实，红心火龙果，牛奶

制作方法：

1. 水烧开后，将新鲜芡实煮 5 分钟即捞出；
2. 将红心火龙果去皮，切成和芡实差不多大的丁；
3. 将牛奶加热到 50℃；
4. 把新鲜芡实和火龙果用热牛奶拌匀即可。

蓝莓土豆泥

原材料： 土豆，蓝莓酱，红心火龙果，酸奶，蜂蜜

制作方法：

1. 将土豆去皮蒸透，加入酸奶和蜂蜜，把土豆捏碎，做成图中的样子；
2. 用热水把蓝莓酱调开，切忌调得太稀；
3. 把火龙果切成小粒；
4. 把调好的蓝莓酱浇在土豆上面，再把火龙果粒撒上去点缀，最后撒上一点酸奶即可。

金瓜炖雪莲子

原材料： 小金瓜，雪莲子，蜂蜜，牛奶

制作方法：

1. 提前一天将雪莲子泡好，清洗干净后放蒸箱蒸 30 分钟，并把蒸好的雪莲子用蜂蜜和牛奶拌匀；

2. 将金瓜去皮，切成小块，在开水里煮熟；

3. 以金瓜垫底，把拌好的雪莲子盖在上面用事先泡好的枸杞点缀即可。

特色驴打滚

原材料： 黄豆，糯米粉，豆沙

制作方法：

1. 将黄豆清洗干净，在烤箱里烤 20 分钟（上面温度 180，下面温度 200），拿出来冷却之后用料理机把它磨成粉；

2. 在糯米粉中加入适量生粉（按照糯米粉 500 克，生粉 100 克的比例操作），用 50℃的水，把它拌匀；

3. 把豆沙搓成小圆子；

4. 用拌好的糯米粉做成一个个小圆子，然后再把豆沙团裹进去，放热水里煮，等到小圆子浮起来后捞出，待冷却后滚上黄豆粉。

中式“费列罗”

原材料：腰果，核桃，紫薯，蜂蜜

制作方法：

1. 将紫薯去皮后蒸熟，加少许蜂蜜，趁热捏成紫薯泥；
2. 把腰果、核桃分别在烤箱烤熟，然后用刀背拍碎备用；
3. 把紫薯泥捏成一个个小圆子，然后滚上坚果碎即可点缀装盘。

特色雪媚娘

原材料：糯米粉，鹰栗粉，鲜奶，火龙果，草莓酱

制作方法：

1. 用糯米粉和鹰栗粉按 1:1 的比例用冷水调和，然后放蒸箱蒸熟，冷却；
2. 将火龙果切成丁，把剩下的糯米粉用不粘锅慢慢炒熟备用；
3. 将鲜奶用机器搅拌后备用；
4. 把切好的火龙果丁和打好的鲜奶按照 1:1 的比例拌匀备用；
5. 把冷却后的熟粉刮出，搓成条、切成小块，撒上炒熟的糯米粉，用擀面杖擀成皮子，然后把鲜奶和火龙果一起包入，反扣放入模型纸中，上面用草莓酱点缀即可。

木瓜炖燕盏

原材料：木瓜，燕盏，牛奶，冰糖，枸杞

制作方法：

1. 提前一天用矿泉水将燕盏泡好，捡去细燕毛，加少许冰糖，放蒸箱蒸 30 分钟，拿出后加入牛奶拌匀；
2. 将木瓜一切二，把籽挖干净，然后将木瓜刻成图中样子，在蒸箱里蒸 6 分钟；
3. 把蒸好拌匀的燕窝直接放在木瓜中，用枸杞点缀即可。

酒酿板栗南瓜

原材料：板栗，日本南瓜，酒酿

制作方法：

1. 将板栗去皮去衣，将其煮熟；
2. 将南瓜去皮去籽，切成小块备用；
3. 往锅里放水，把板栗和南瓜一起煮熟，然后加入少许酒酿调味即可。

双色芋圆

原材料：魔芋粉，紫薯，南瓜，蜂蜜

制作方法：

1. 将紫薯和南瓜分别刨皮蒸熟，然后用料理机分别把它们磨成泥；
2. 用魔芋粉分别与紫薯泥和南瓜泥拌匀，搓成小条，用刀切成小粒；
3. 往锅里放水，水开后，把双色魔芋圆子一起放如烹煮，直至浮起，加少许蜂蜜调味即可。

酒酿白芸豆

原材料：白芸豆，酒酿，枸杞

制作方法：

1. 提前一天把白芸豆泡好，使其胀开；
2. 在锅中放水，然后把白芸豆放入煮 30 分钟左右；
3. 待白芸豆熟后，加少许糖和酒酿，加入枸杞，再一起煮 2 分钟即可出锅。

金瓜藏宝

原材料： 迷你南瓜，日本老南瓜，虾仁，西蓝花，青豆，蜂蜜

制作方法：

1. 将迷你南瓜去皮后一切二，把籽刮干净，放蒸箱蒸 10 分钟，至熟透即可；
2. 将日本老南瓜去皮蒸透，然后用料理机加少许蜂蜜把它磨成泥；
3. 把虾仁和青豆一起出水，稍微放点盐调味；
4. 把调好味的虾仁和青豆盖在迷你南瓜里面，然后用鲍鱼袋扎起来，把水分挤干，放在一个深盘里面；
5. 把蜂蜜南瓜汁按图上所示淋上去；
6. 用西蓝花点缀即可。

什锦水果羹

原材料： 苹果，雪梨，猕猴桃或红心火龙果（三种水果及以上），蜂蜜，枸杞

制作方法：

1. 把几种水果分别去皮，切成丁；
2. 往锅里放水，然后把水果放入一起煮熟；
3. 出锅时稍微加一些蜂蜜和泡过的枸杞即可。

小西米布丁

原材料：小西米，牛奶，鸡蛋，布丁粉，凝胶粉，火龙果粒，薄荷叶

制作方法：

1. 把西米用开水煮 10 分钟，然后焖 10 分钟后清洗干净备用；
2. 用冰水把凝胶粉泡开；
3. 将 4 个生蛋黄和适量的布丁粉搅匀，慢慢加牛奶，然后把凝胶水烧开，把布丁汁慢慢倒入后再次烧开即可；
4. 用一个托盘把烧好的布丁汁倒入托盘内，冷却；
5. 把牛奶烧热；
6. 将成固体状布丁切块放入点心碗里，然后把热牛奶倒入，撒上热的小西米和一些火龙果粒，用薄荷叶点缀即可。

太极南瓜泥

原材料：南瓜，菠菜，蜂蜜

制作方法：

1. 将南瓜去皮去籽后蒸熟，用料理机加适量蜂蜜，磨成泥状；
2. 把菠菜烫熟，然后加少许开水，磨成泥；
3. 把南瓜装入碗中，按照图中所示，再把菠菜汁按太极形状装入即可。

红枣炖银耳

原材料： 红枣，银耳，莲心，冰糖，鹌鹑蛋，枸杞

制作方法：

1. 提前 30 分钟把红枣和莲心泡好；
2. 将银耳用 40℃温水泡 40 分钟后，去除黄根清洗干净；
3. 鹌鹑蛋事先煮熟，去壳备用；
4. 往锅里放水，把银耳莲心和红枣一起煮到粘稠为止；
5. 加入冰糖和洗净的枸杞，再次以小火煮到冰糖化开即可。

杨枝甘露

原材料： 西柚，芒果，椰奶，牛奶，火龙果，小西米

制作方法：

1. 把西柚剥成一粒一粒备用；
2. 把火龙果切成粒状备用；
3. 把芒果去皮去核后，加入椰奶和牛奶，用料理机打成汁；
4. 将小西米用开水煮 10 分钟，然后再焖 10 分钟，之后清洗干净备用；
5. 把煮好的小西米放入芒果汁。然后在上面撒上西柚粒和火龙果粒即可。

小西米紫薯球

原材料：紫薯，糯米粉，小西米，蜂蜜

制作方法：

1. 将紫薯去皮蒸熟后，和糯米粉，加少许蜂蜜拌匀（按紫薯与糯米粉 2:1 的比例）；
2. 把拌好的紫薯泥做成小圆子；
3. 用水稍微泡一下小西米，然后马上裹在紫薯圆子表面；
4. 上蒸箱蒸 15 分钟即可点缀装盘。

芒果小布丁

原材料：芒果味布丁粉，芒果，凝胶粉，鸡蛋，椰奶，牛奶

制作方法：

1. 把 5 个鸡蛋黄打出来，慢慢加牛奶和椰奶，与布丁粉搅匀；
2. 将凝胶粉与冰水调匀；
3. 往锅里放少许水，然后把调好的布丁和凝胶水一起倒入烧开；
4. 把烧开的布丁装在容器里，自然冷却 2 小时，切记不要放冰箱；
5. 将芒果切成小块，放在冷却好的布丁上点缀即可。

迷你南瓜炖桃胶

原材料：迷你南瓜，桃胶，冰糖，牛奶，枸杞

制作方法：

1. 将桃胶提前 24 小时泡好，挑净杂质清洗干净，加入适量冰糖，在蒸箱里蒸 1 小时；
2. 将迷你南瓜掏空，按照图中所示，将盖子上和瓜身分别刻成锯齿形状，再放蒸箱蒸 10 分钟；
3. 将蒸好的桃胶加牛奶拌匀装在迷你南瓜内，用泡好的枸杞点缀即可。

蔓越莓山药泥

原材料：山药，蜂蜜，蔓越莓干，酸奶，蓝莓酱

制作方法：

1. 山药去皮，清洗干净，蒸熟，然后加入蜂蜜和酸奶趁热一起捣碎，拌均匀备用；
2. 用爱心模具把山药泥做成图中模样
3. 将蓝莓酱用热水调开拌匀，然后倒入器皿里；
4. 把爱心山药泥放入器皿内，上面撒上少许蔓越莓干，用薄荷叶点缀即可。

冬瓜红豆汤

原材料：冬瓜，红豆

制作方法：

1. 冬瓜清洗干净后去皮，切块；红豆淘洗干净，浸泡6小时后备用；
2. 锅中放适量水烧开，倒入红豆煮熟；
3. 将冬瓜块放入锅中，开盖，以中火煮至冬瓜熟而不烂，若喜欢咸口，加少许盐调味即可；若偏好甜口，加少许糖调味即可。

木瓜牛奶小西米

原材料：木瓜，小西米，牛奶

制作方法：

1. 将小西米用大火煮10分钟，然后再焖10分钟，拿出来清洗干净备用；
2. 将木瓜去皮去籽，切成粒状；
3. 往锅里放水，然后把木瓜粒煮熟，再加入牛奶，然后把西米倒入拌匀即可。

PART 03

月子餐菜品

第一阶段:

去恶排毒周

主要目的为辅助排泄和调节各器官功能。产妇产后体内水钠潴留多、恶露多、奶胀不通、虚汗多，由于分娩带来的器官损伤和精力消耗，身心处于虚弱疲惫状态，会出现精神不振、食欲不佳、睡眠障碍、便秘、全身乏力等症状。所以月子餐中要安排清淡、流质、易消化、开胃可口、养心安神等功效的食物。

★橙篮鸡米粒
☆上汤娃娃菜
★清蒸鲈鱼
☆爱心南瓜虾茸球
★麻油爆猪肝
☆肉糜饼炖蛋
★玉米炒黑鱼粒
☆黄瓜炒牛百叶
★特色百叶包
☆三鲜烩鱼片
★胡萝卜芹菜炒肉丝
☆三鲜日本豆腐
★蛤蜊炖蛋
☆山药木耳炒肉片
★芹菜炒肉丝
☆银芽炒鸡丝
★彩椒炒童子鸡
☆珍珠糯米丸子
★花椰菜双拼
☆长角豆炒肉丝
★土豆炖牛腩
☆青豆木耳炒蛋
★鸡汤煮干丝
☆秋葵酿肉
★菠萝炒鸡片
☆杏鲍菇炒牛柳
★彩椒炒肚片
☆青菜虎皮炒木耳
★莴笋炒猪皮丝

橙篮鸡米粒

原材料： 甜橙，鸡胸肉，熟松仁，彩椒粒

制作方法：

1. 把甜橙按照图中所示挖空，将果肉掏尽；

2. 将鸡胸肉切成粒状，然后用蛋液加入少量的生粉上浆；

3. 往锅里放油，然后把鸡米粒稍微拉下油备用；

4. 在锅中放少许水，用盐调味，然后把鸡米粒和彩椒粒一起放入，煸炒，勾芡，并撒上松仁装入橙篮盘即可。

清蒸鲈鱼

原材料：鲈鱼，生姜片，胡萝卜片

制作方法：

1. 把鲈鱼清洗干净，一剖为二；
2. 把胡萝卜片和生姜插在鱼肉中间，上蒸笼蒸 8 分钟后端出；
3. 把盘里的水倒出部分后浇一点生抽即可。

上汤娃娃菜

原材料：娃娃菜，鸡蛋，胡萝卜

制作方法：

1. 将娃娃菜切丝，鸡蛋白煮熟后把蛋白切丝，胡萝卜切丝；
2. 往锅里放水烧开，把娃娃菜倒入煮熟装盘；
3. 往锅里放点水，把蛋白丝和胡萝卜丝一同煮熟后调味勾芡，直接淋于娃娃菜上即可。

爱心南瓜虾茸球

原材料：日本南瓜，青虾仁

制作方法：

1. 把日本南瓜去皮，然后用爱心模具把它刻成像图中这样的爱心；

2. 把虾仁剁成泥，上浆调味，做成小圆子状的虾茸球；

3. 把虾茸球放在南瓜上蒸8分钟，然后淋上彩芡，按图中摆盘即可。

麻油爆猪肝

原材料：猪肝，彩椒，生姜

制作方法：

1. 将彩椒切片备用；

2. 将猪肝切片，切忌太厚或太薄，然后在活水里冲洗3分钟，沥干水分，裹上一层生粉；

3. 往锅里放水，水开后把猪肝倒入出水，至断血水，将猪肝捞出；

4. 往锅里放油，然后放生姜入锅煸炒，加黄酒、适量红糖和生抽调味，然后把彩椒和猪肝一同放入爆炒，最后勾芡，淋上麻油，即可装盘。

肉糜饼炖蛋

原材料： 肉糜，鸡蛋

制作方法：

1. 在肉糜中加一个鸡蛋，拌均匀；
2. 加少许盐和生粉调味，然后装在一个凹盆里面，中间留一个蛋的位置；
3. 另取一枚鸡蛋，把鸡蛋敲在肉糜中凹的位置上，上蒸笼蒸10分钟端出，淋上彩芡即可。

玉米炒黑鱼粒

原材料： 黑鱼，玉米粒，青豆，红圆椒，鸡蛋

制作方法：

1. 把黑鱼清洗干净，去头，去尾，去龙骨，去皮，再把它切成粒，用少许盐加蛋清和生粉上浆；
2. 将红圆椒切粒；
3. 往锅里放水，加入红椒粒、青豆、玉米粒、煮熟捞出备用；
4. 往锅里放水，等水开后将上浆好的黑鱼粒放入水中煮开，拂去泡沫，再捞起来备用；
5. 往锅里放少许水，加少许盐和鸡汁调味，把出好水的玉米粒、红椒粒、青豆和黑鱼粒一起倒入翻炒，淋上几滴油再勾芡即可出锅装盘。

黄瓜炒牛百叶

原材料： 黄瓜，牛百叶，彩椒丝

制作方法：

1. 逆着牛百叶的条纹切丝，冲洗干净备用；
2. 黄瓜刨皮去籽切丝；
3. 在锅中烧水，水开后把牛百叶和黄瓜丝同时倒入，马上再捞出；
4. 往锅里加少许水调味，然后把黄瓜丝、彩椒丝和牛百叶一起倒入煸炒即可。

注：这个菜品不需要勾芡，且要注意火候、避免炒得太老。

特色百叶包

原材料： 薄百叶，肉糜，鸡蛋，小葱

制作方法：

1. 把肉糜用鸡蛋、姜末和少许盐调味；
2. 把薄百叶摊开，每一张薄百叶切成 6 张，然后把调好味的肉糜包进去，再用小葱把它扎起来；
3. 把扎好的百叶包上蒸笼蒸 10 分钟，拿出后淋上彩芡即可。

三鲜烩鱼片

原材料：黑木耳，黄瓜片，胡萝卜，青鱼中段，鸡蛋

制作方法：

1. 将青鱼中段去皮去骨，切成片，用鸡蛋清、少许盐和生粉上浆液；
2. 黄瓜、胡萝卜分别刨皮切片，然后加入黑木耳一起出水；
3. 往锅里放水，等水开后把鱼片一片片放入煮熟，然后捞起来备用；
4. 往锅里放少许水，加盐调味，然后再把出好水的胡萝卜片、黑木耳、黄瓜片、青鱼片一同倒入烹烩，待水开后勾芡，淋上麻油，即可出锅。

胡萝卜芹菜炒肉丝

原材料：胡萝卜，芹菜，梅条肉，鸡蛋

制作方法：

1. 胡萝卜刨皮切丝备用；
2. 在梅条肉上撒少许盐调味，加鸡蛋和生粉上浆；
3. 芹菜去根去叶，清洗干净，然后切成段；
4. 胡萝卜和芹菜出水备用；
5. 肉丝稍微拉下油，然后把胡萝卜丝和芹菜一起煸炒，加少许盐调味，勾芡即可出锅。

三鲜日本豆腐

原材料： 日本豆腐，虾仁，胡萝卜丁，青豆

制作方法：

1. 将日本豆腐，切成厚片；
2. 将胡萝卜切丁；
3. 将日本豆腐、胡萝卜丁、青豆和虾仁一起出水；
4. 往锅里放水，加少许盐，把出好水的豆腐、胡萝卜丁、青豆和虾仁一同倒入烹烩， 最后勾芡淋油装盘。

蛤 蜊 炖 蛋

原材料： 蛤蜊，鸡蛋（2 个）

制作方法：

1. 一边将蛤蜊清洗干净，一边烧水，水开后把蛤蜊倒入出水；
2. 将鸡蛋打碎，用盐调味，然后把出好水的蛤蜊一个个竖起来放在蛋液里，上蒸箱蒸 7 分钟，淋上彩芡即可。

山药木耳炒肉片

原材料：铁棍山药，里脊肉，木耳，鸡蛋

制作方法：

1. 将铁棍山药刨皮，切成菱形片，泡在水里备用；
2. 将里脊肉切片，用鸡蛋和少许盐、生粉上浆；
3. 往锅里放水，待水开后，把山药和木耳倒入煮至七分熟；
4. 将肉片出水备用；
5. 往锅里放少许水，用盐调味，然后把出好水的山药和肉片及木耳一同倒入翻炒，最后勾芡即可。

芹菜炒肉丝

原材料：芹菜，里脊肉、彩椒

制作方法：

1. 把芹菜、彩椒洗净，切成小段；
2. 把里脊肉切丝，并上浆；
3. 将芹菜、彩椒出水备用；
4. 往锅里放油，把肉丝稍微煸一下，然后将芹菜、彩椒倒入翻炒几下，调味，再稍微翻炒几下，勾芡出锅即可。

银芽炒鸡丝

原材料： 鸡胸肉，绿豆芽，彩椒丝

制作方法：

1. 把鸡胸肉切丝并上浆；
2. 将绿豆芽去根去头，留中间部位；
3. 往锅里放水，待水开后把鸡丝先出水，之后将绿豆芽和彩椒再一起出水备用；
4. 往锅里放少许水调味，然后把出好水的鸡丝、银芽和彩椒丝一起倒入翻炒几下，勾芡，淋上麻油即可。

彩椒炒童子鸡

原材料： 彩椒，童子鸡

制作方法：

1. 将童子鸡清洗干净，斩小块；
2. 把彩椒切片备用；
3. 往锅里放油，把姜片煸炒一下，然后再把童子鸡块倒入，加黄酒一起煸炒 3 分钟，再加水焖 10 分钟，把彩椒也加入后翻炒几下，勾芡装盘即可。

珍珠糯米丸子

原材料： 圆头白糯米，五花肉糜，鸡蛋

制作方法：

1. 把白糯米洗干净，提前30分钟泡好，然后滤干水分备用；
2. 五花猪肉糜加鸡蛋、姜末一起上浆调味，然后撒上生粉，再次搅拌均匀；
3. 把搅拌均匀的肉糜做成圆子，滚上糯米，蒸20分钟即可出锅，点缀装盘即可。

花椰菜双拼

原材料： 有机花菜，西蓝花

制作方法：

1. 把有机花菜和西蓝花分别改刀，然后清洗干净。
2. 把西蓝花和花菜一起出水，使其达到六成熟；
3. 往锅里放少许水调味，然后把出好水的花菜和西蓝花一起煸炒至熟；
4. 按照图中摆盘方式装盘即可。

长角豆炒肉丝

原材料：长角豆，里脊肉，彩椒粒，鸡蛋

制作方法：

1. 里脊肉切丝，然后加入蛋液和少许盐上浆，再撒上生粉拌匀；
2. 将长角豆切成4cm状，再切一点彩椒条和姜末；
3. 往锅里放油，烧到四成热，把长角豆在油里过熟后捞出备用；
4. 往锅里加少许油，把姜末和彩椒条加上黄酒一起煸炒至熟，再把长角豆倒入翻炒，调味后勾芡出锅装盘即可。

土豆炖牛腩

原材料：土豆，牛腩，胡萝卜

制作方法：

1. 将牛腩肉切块，出水备用；
2. 把土豆和胡萝卜分别切滚刀块；
3. 把土豆块炸成金黄色备用；
4. 往锅里放油，加姜片和牛腩一起煸炒，然后加水，没过牛腩即可，加糖，加少许生抽，待水开后，把胡萝卜倒入，以小火焖40分钟；
5. 把事先炸好的土豆块倒入再焖5分钟，稍微收一下芡汁，即可装盘。

青豆木耳炒蛋

原材料： 青豆，黑木耳，鸡蛋

制作方法：

1. 把青豆和切小块的黑木耳一起出水备用；
2. 把鸡蛋打碎，在油里翻炒；
3. 把青豆和黑木耳一起放入，加少许盐翻炒几下，然后装盘。

鸡汤煮干丝

原材料： 中百叶，胡萝卜，小青菜，青虾仁，鸡汁

制作方法：

1. 中百叶和胡萝卜分别切成细丝备用；
2. 青虾仁 6 粒，剖背清洗干净，然后出水备用；
3. 小青菜清洗干净备用；
4. 往锅里放水，把胡萝卜丝和百叶丝一起放入，出水煮透，然后再倒出；
5. 往锅里加适量水，放入出好水的虾仁、胡萝卜丝、百叶丝，并加少许盐、鸡汁和白胡椒粉调味，小火再煮 3 分钟即可装盘；
6. 最后再把清洗好的菜心倒入开水中加少许盐和几滴油煮 3~5 分钟捞出！按图中所示摆盘即可。

菠萝炒鸡片

原材料：菠萝，鸡胸肉，彩椒，鸡蛋，番茄酱，新的橙汁

制作方法：

1. 将菠萝去皮切成小片，然后用淡盐水泡着备用；
2. 将鸡胸肉切片，用鸡蛋、面粉、生粉加少许食盐和少许泡打粉，拌均匀即可；
3. 彩椒切片备用；
4. 往锅里放油，至七成热时把鸡片一片片放入，炸透到金黄色为止；
5. 往锅里放少许油，先把番茄酱煸透，然后加入新的橙汁和少许水烧浓，最后把鸡片、菠萝片和彩椒片倒入翻炒即可。

秋葵酿肉

原材料：秋葵，五花肉糜，鸡蛋

制作方法：

1. 把五花肉糜用鸡蛋和少许盐加生粉一起拌匀；
2. 把秋葵一剖二，然后把上过浆的肉糜按图中所示塞入；
3. 蒸箱上汽之后蒸8分钟端出，淋上彩芡即可。

杏鲍菇炒牛柳

原材料：杏鲍菇，牛里脊肉，鸡蛋，彩椒丝

制作方法：

1. 把杏鲍菇清洗干净后切小条；
2. 把牛里脊肉切成牛柳，比杏鲍菇微小一点，然后用鸡蛋、生粉和少许老抽上浆；
3. 往锅里加油，差不多四成热之后把牛柳拉一下油，然后等油锅达到六成热之后，再把杏鲍菇拉下油；
4. 往锅里放少许油，加入少许生姜丝煸炒，加少许水和生抽、白糖，然后再把拉好油的牛柳和杏鲍菇一同倒入翻炒，最后勾芡，以彩椒丝点缀，淋上麻油即可出锅。

彩椒炒肚片

原材料：彩椒，猪肚

制作方法：

1. 将彩椒切片备用；
2. 把猪肚用面粉和白醋一起揉捏，然后再清洗干净，加黄酒和葱姜煮熟，再把煮熟的猪肚片切成小片；
3. 往锅里加水，把彩椒和猪肚一起出水；
4. 往锅里放入山茶油和生姜片炒一下，然后加少许水和少许盐调味，再把彩椒和肚片倒入锅里煸炒，勾芡后即可出锅。

青菜虎皮炒木耳

原材料： 青菜，虎皮，黑木耳，胡萝卜

制作方法：

1. 青菜剥去老叶清洗干净，然后青菜头削尖并剖开；
2. 胡萝卜切成小条，然后塞入青菜嘴备用；
3. 用冷水将虎皮泡开，然后再撕成小块备用；
4. 黑木耳提前泡开，并清洗干净备用；
5. 往锅里放少许水，加入少许盐和几滴油，然后把青菜煮熟倒出，再次翻炒并加入少许糖和盐调味，按盘中所示摆放整齐；
6. 黑木耳和虎皮一起过水，然后倒出来加入少许油和盐调味翻炒出锅；
7. 把炒好的虎皮、木耳按图中所示盖在青菜上即可。

莴笋炒猪皮丝

原材料： 莴笋，干猪皮，彩椒

制作方法：

1. 干猪皮提前4小时用冷水泡好，然后再切丝；
2. 把彩椒切丝，莴笋刨皮切丝；
3. 往锅里放水，把猪皮丝先煮透，然后再把莴笋丝和彩椒丝一起倒入，煮至水开马上倒出；
4. 往锅里放少许水，加适量的盐调味，再把出好水的猪皮丝、莴笋丝和彩椒丝一起倒入翻炒，勾芡后即可装盘。

第二阶段:

强筋固腰周

主要目的为修复生理机能、促进新陈代谢。产后第二周，乳腺管基本都已疏通、乳汁增多，子宫也已恢复至盆腔内，手术伤口亦逐渐愈合。所以这周的膳食要以促进伤口愈合、催奶以及调理脏器功能等为目的。

★一品虾扯蛋
☆香菇酿肉
★牡丹素蟹粉
☆海鲜老豆腐
★锦绣鱼丝
☆本帮扣三丝
★三鲜烩蹄筋
☆西芹炒牛舌
★姜汁爆腰花
☆金汤藕节
★三鲜海蛰血
☆清蒸河鳗
★香菇烩西蓝花
☆茄夹酿肉
★原味三黄鸡
☆彩椒炒藕片
★糖醋黄鱼中段
☆香菇彩椒炒鸡块
★金菇扣鹅掌
☆虫草炖老鹅
★茄汁鱼排
☆小鲍鱼炖蛋
★西蓝花烩蛏子
☆油爆河虾
★三鲜烩小肉丸
☆黄瓜酿鱼丸
★三鲜烩鱼圆
☆麻油金针菇
★黄花菜炒肉丝

一品虾扯蛋

原材料：基围虾，鹌鹑蛋，黄瓜

制作方法：

1. 把基围虾煮熟，然后拿出来去头，剩下的身体，把壳去掉，尾巴留住，然后一剖二，按图所示贴在调羹上即可；
2. 把鹌鹑蛋打开敲在调羹里，上蒸笼蒸 3 分钟；
3. 黄瓜切片垫底，用不锈钢的调羹一个个把虾扯蛋挖出来，放在黄瓜片上。然后淋上彩荧即可。

香菇酿肉

原材料： 新鲜香菇，肉糜，生姜，鸡蛋

制作方法：

1. 把新鲜香菇去根煮熟，然后吸干水分；

2. 把肉糜和姜末加入一个鸡蛋一起入味，然后放些生粉，搅拌均匀；

3. 把拌好的肉酱按图所示酿在香菇上面，然后上蒸笼蒸 12 分钟拿出，淋上彩芡摆盘即可。

牡丹素蟹粉

原材料： 土豆，胡萝卜，鸡蛋

制作方法：

1. 将土豆和胡萝卜分别清洗干净，刨皮之后上蒸箱蒸熟；

2. 把蒸熟的胡萝卜和土豆分别用刀拍成泥状；

3. 把生姜切成细末备用；

4. 鸡蛋打碎备用；

5. 往锅里放少许油，把鸡蛋炒碎后加入姜末一起炒，再把土豆泥和胡萝卜一同倒入翻炒，最后加少许盐和米醋调味，继续翻炒几下装盘，用胡萝卜花点缀即可。

海鲜老豆腐

原材料：老豆腐，基围虾，目鱼

制作方法：

1. 把老豆腐切成片，然后用菜籽油两面煎黄备用；
2. 新鲜基围虾挑筋，然后把长的虾须修剪干净，煮熟备用；
3. 目鱼清洗干净，打花刀出水备用；
4. 往锅里放油滑锅，加入姜片煸炒，然后再加适量的水，把老豆腐、基围虾同时入锅煮 5 分钟，加适量的盐调味，即可出锅（注：此菜不需要勾芡）。

锦绣鱼丝

原材料：青鱼中段，彩椒，鸡蛋

制作方法：

1. 将青鱼清洗干净，去皮去骨，然后把鱼肉切成丝；
2. 把鱼丝稍微清洗一下，滤干水分，加入蛋清、少许盐和生粉上浆；
3. 把彩椒切丝备用；
4. 往锅里放油烧到 40℃，把鱼丝稍微拉一下油；

5. 往锅里放少许水，加入彩椒丝和鱼丝一起翻炒两下，然后用少许盐调味即可。

本帮扣三丝

原材料：胡萝卜，香菇，鸡肉，香干，青菜叶

制作方法：

1. 将鸡肉煮熟之后用手撕成细丝，将香干出水后切成细丝，把胡萝卜、香菇也分别切成细丝；
2. 在每个饭碗底下垫一个打过十字花刀的香菇，然后分别把鸡丝、胡萝卜丝、香菇丝、香干丝扣入碗内，加入少许盐调味，放蒸箱蒸 30 分钟；
3. 把蒸好的扣三丝倒扣过来，放入盘中，然后用青菜叶点缀即可。

三鲜烩蹄筋

原材料：蹄筋，黑木耳，胡萝卜，黄瓜

制作方法：

1. 把蹄筋清洗干净，切成段，出好水备用；
2. 将黑木耳提前泡好，清洗干净，撕成小块；
3. 把黄瓜和胡萝卜分别刨皮，切成小段，分别出水之后备用；
4. 往锅里放少许油，用姜片煸一下，然后加水，把胡萝卜、黑木耳、蹄筋和黄瓜一起放入烧开，然后 2 分钟之后加少许盐调味，勾芡装盘即可。

西芹炒牛舌

原材料： 西芹，牛舌，彩椒

制作方法：

1. 把牛舌清洗干净，然后用黄酒、生姜事先煮熟，凉透后，把牛舌切成片备用；
2. 把彩椒切片备用；
3. 将西芹刨皮后切成菱形片，出水备用；
4. 往锅里放油，然后将姜片爆炒，再把西芹、彩椒和牛舌倒入，加少许水和盐调味，翻炒勾芡即可出锅。

姜汁爆腰花

原材料： 猪腰，生姜，彩椒片

制作方法：

1. 将猪腰一剖二，然后把上面的一层皮去掉，再把猪腰内部的白色腰骚全部去掉；
2. 把猪腰切成梳子片状，在活水里冲净血水；
3. 往锅里放水，把猪腰放入出水，然后把上面的泡沫全部撇掉倒出，之后再次清洗；

4. 往锅里放油和生姜丝一起煸炒，然后加入彩椒片、水、生抽、胡椒粉和少许红糖调味，最后把猪腰倒入翻炒勾芡，淋上麻油即可装盘。

金汤藕节

原材料：竹荪，虾仁，日本南瓜，西芹，小葱，鸡汁

制作方法：

1. 把日本南瓜去皮去籽后蒸熟，磨成南瓜汁；
2. 将虾仁和西芹切碎成粒，然后放少许盐和生粉拌匀；
3. 把小葱用开水烫一下，放旁边备用；
4. 将竹荪两头切好，另一头用小葱扎起来，把拌好的虾仁和西芹灌入竹荪，然后按图中所示，扎成像藕节一样的形状；
5. 把扎好的竹荪藕节放在盘里，加入少许盐蒸 6 分钟；
6. 往南瓜汁中加少许鸡汁稍微热一下，浇上即可。

三鲜海蜇血

原材料：海蜇血，黑木耳，彩椒

制作方法：

1. 把海蜇血稍微清洗一下，然后和黑木耳一起出水；
2. 往锅里放少许油和姜片煸炒，然后加水，再把海蜇血和黑木耳倒入，用大火煮 2 分钟，待汤汁白后稍微收汁装盘即可。

清蒸河鳗

原材料： 河鳗

制作方法：

1. 将河鳗清洗干净后在60℃的水里烫一下，用抹布把河鳗身上的粘液全部擦洗干净；

2. 把河鳗切成斜刀片，用黄酒和少许盐、生姜腌制10分钟；

3. 把腌制好的河鳗片按图中所示蒸6分钟即可出锅；

4. 把蒸河鳗的汤汁倒出，加上少许生抽后将汤汁淋于鱼肉上即可。

香菇烩西蓝花

原材料： 西蓝花，香菇

制作方法：

1. 把西蓝花先切成小朵，清洗后再放点盐泡在水里，15分钟左右后捞起备用；

2. 把香菇清洗之后在正面改十字花刀，然后在水里煮熟待用；

3. 往锅里放水，把西蓝花煮到六成熟捞出，然后再炒熟，围成图中的样式；

4. 用蚝油、生抽、白糖把香菇烧透，然后勾芡，淋上麻油在西蓝花中间即可。

茄夹酿肉

原材料：粗的紫茄子，五花肉糜，鸡蛋

制作方法：

1. 五花肉糜用鸡蛋、少许盐和少许生粉上浆，拌匀备用；

2. 将茄子一剖为二，切成连刀片，一头断一头不断（如图所示），再把上好浆的肉糜塞入茄片之间即可；

3. 把塞好肉糜的茄子放蒸箱蒸 10 分钟，拿出后淋上彩芡即可。

原味三黄鸡

原材料：三黄鸡

制作方法：

1. 将三黄鸡去内脏，清洗干净；

2. 烧一锅水，水面高度需浸没三黄鸡鸡身，待水开后，把葱、姜、黄酒和适量的盐加入调味；

3. 把三黄鸡放进热水里煮，待水再次烧开，调至小火煮 10 分钟，再把火关掉焖 20 分钟即可；

4. 将煮好的鸡放在托盘里，稍微冷却 5 分钟，然后斩块装盘，淋上彩芡即可。

彩椒炒藕片

原材料：彩椒片，藕中节

制作方法：

1. 将藕中节刨皮，切成薄片，浸泡在水里备用；

2. 往锅里放水，稍加白醋，把藕和彩椒片倒入出水；

3. 往锅里放少许水，用盐调味，然后把藕片和彩椒片一起倒入，翻炒勾芡即可。

糖醋黄鱼中段

原材料：黄鱼中段，彩椒

制作方法：

1. 把黄鱼中段清洗干净，然后在锅里用油煎至两面黄；

2. 彩椒切小粒，出水；

3. 往锅里放少许油和生姜片，然后加水、生抽和少许老抽一起调味；

4. 把黄鱼中段放入锅中焖 10 分钟，调至大火收汁，勾芡后淋上麻油，撒上彩椒粒，即可出锅。

香菇彩椒炒鸡块

原材料：鸡，香菇，胡萝卜，彩椒

制作方法：

1. 将鸡清洗干净后斩小块；彩椒切片备用；
2. 将胡萝卜切滚刀块，香菇和彩椒分别切小块；
3. 往锅里放油，把姜片放入，加入鸡块，并加黄酒一起煸炒，然后加少许水，再把香菇倒入，一起焖 6 分钟左右；
4. 把彩椒片倒入一起翻炒，勾芡后淋上麻油即可。

金菇扣鹅掌

原材料：鹅掌，金针菇

制作方法：

1. 鹅掌清洗干净，用老抽稍微拌一下，往锅里放油加热到 70℃的油温，把鹅掌倒入炸一下，然后赶紧用冷水泡发 3 小时；
2. 往锅里放姜片煸炒，加水，加黄酒，再把泡发好的鹅掌放入，水能够没掉鹅掌即可，大火烧开，然后改文火焖 30 分钟。等鹅掌焖到很酥时勾芡出锅；
3. 往锅里放水，加少许食盐，然后把清洗干净的金针菇放入煮熟再捞出，最后铺在鹅掌旁边点缀即可。

虫草炖老鹅

原材料：虫草花，老鹅

制作方法：

1. 把老鹅清洗干净，斩小块，然后出水；
2. 往锅里放油、生姜煸炒，然后把老鹅倒入，加酒再次煸炒，再加适量的水；
3. 待水开后，由大火改成小火炖 30 分钟，然后把洗净的虫草花倒入再炖 10 分钟调味，收汁、装盘即可。

茄汁鱼排

原材料：青鱼，鸡蛋，面包粉，番茄酱

制作方法：

1. 把青鱼清洗干净，去头去尾去皮去龙骨，然后切片；
2. 把鱼片用全蛋（蛋黄与蛋清搅拌成的蛋液）、少许盐和生粉上浆，然后再拍上面包粉；
3. 往锅里加油，至七成热，把鱼片放入，炸熟至金黄；
4. 把炸好的鱼片改刀装盘，浇上番茄酱即可。

小鲍鱼炖蛋

原材料： 小鲍鱼，鸡蛋（1个）

制作方法：

1. 把小鲍鱼清洗干净，切好花刀备用；
2. 将鸡蛋打入碗中，用100克的水和鸡蛋一起打碎，然后蒸8分钟即可；
3. 把小鲍鱼出水，然后稍微放一点生抽、糖调味，上蒸笼蒸5分钟，拿出后再用蒸鲍鱼的原味汁勾芡，浇在小鲍鱼上；
4. 把浇好芡的小鲍鱼放在炖好的蛋羹上，用西蓝花点缀即可。

西蓝花烩蛏子

原材料： 西蓝花，蛏子，彩椒

制作方法：

1. 把蛏子出水之后，剥出蛏子肉备用；
2. 把西蓝花切小块，彩椒切小条；
3. 往锅里放水，把西蓝花出好水之后稍微炒一下，然后起锅装盘；
4. 将蛏子肉和彩椒一起出水；
5. 把锅烧热，放生姜片煸炒一下，然后加水调味，把蛏子肉和彩椒一起倒入煸炒，勾芡出锅，然后盖在西蓝花上面即可。

油爆河虾

原材料： 河虾

制作方法：

1. 把河虾剪须；
2. 往锅里放油，七成油温时，把虾在油里爆一下捞出；
3. 往锅里放少许水和姜末，然后淋上生抽和少许糖调匀，再把河虾倒入煸炒几下，淋上麻油即可。

三鲜烩小肉丸

原材料： 肉糜，黑木耳，大白菜，胡萝卜，青菜，鹌鹑蛋，鸡蛋

制作方法：

1. 将肉糜用鸡蛋、生粉和少许盐拌匀待用；
2. 将黑木耳提前泡好，清洗干净，切成小块；
3. 把胡萝卜、大白菜清洗干净，切片；
4. 在锅里烧水，待水开后，把肉挤成一个个小肉丸放入烹煮，直到肉丸浮起为止；

5. 把胡萝卜、黑木耳、大白菜、鹌鹑蛋、青菜一起出水；
6. 往锅里放水，加少许盐调味，把出好水的各类配菜和肉丸一起倒入，小火慢炖 3 分钟即可。

黄瓜酿鱼丸

原材料：青鱼中段，黄瓜

制作方法：

1. 把青鱼去骨去皮，剁成泥状，然后调味，用蛋清和生粉上浆；
2. 把黄瓜刨皮切小段，一头挖空；
3. 把鱼泥挤成小圆子，放在黄瓜挖空的一头，上蒸笼蒸 8 分钟即可出锅，淋上彩芡。

三鲜烩鱼圆

原材料：青鱼中段，黑木耳，黄瓜，胡萝卜，鸡蛋

制作方法：

1. 将青鱼中段清洗干净，去皮去骨，然后加入适量的蛋清、生粉、少许面粉和少许盐打碎成泥备用；
2. 黄瓜、胡萝卜清洗干净刨皮切片，然后加入黑木耳出水备用；
3. 往锅里放水，等水开后把鱼泥用调羹一个个挖入，等到鱼圆浮起来后即可捞出；
4. 往锅里加适量的水和盐调味，然后把鱼圆、黑木耳、黄瓜片、胡萝卜片倒入一起翻炒，勾芡，即可出锅装盘。

麻油金针菇

原材料： 金针菇，胡萝卜丝

制作方法：

1. 将金针菇根部去掉，洗净后和胡萝卜丝一起出水；
2. 往锅里放少许油，然后把出过水的金针菇和胡萝卜丝倒入一起翻炒，调味并淋麻油出锅。

黄花菜炒肉丝

原材料： 黄花菜，里脊肉，彩椒

制作方法：

1. 将黄花菜在水里泡好洗净，把根切去；
2. 将里脊肉切丝，并上好浆，同时将彩椒切丝；
3. 将里脊肉滑油待用；
4. 往锅里放水，将黄花菜和彩椒丝出水；
5. 把锅烧热后放少许油，翻炒黄花菜和彩椒丝，然后再把肉丝放入一起翻炒并勾芡，淋上麻油装盘即可。

第三阶段：

利气补血周

这一阶段产妇乳腺通畅、乳汁分泌正常，盗汗收敛，伤口愈合，精气神处于逐渐恢复中。所以月子餐调理目的在于温补，即补气养血、益肾健骨、恢复体力、修复体形。

★灯笼茄子

☆河鳗大烤

★木瓜彩椒炒虾仁

☆小银鱼煎蛋

★松子桂鱼

☆橙汁鸡柳

★香菇虾仁烩豆腐

☆清炖狮子头

★玉子豆腐酿肉

☆千层包菜卷

★黄瓜炒鳝背

☆彩椒炒牛筋

★三色目鱼花

☆松仁酱仔排

★仔鸡百叶炖鹌鹑蛋

☆香煎橙汁银鳕鱼

★藕带炒白果

☆清蒸小鲍鱼

★莴笋炒北极贝

☆西蓝花炒牛筋

★芦笋炒虾蛄

☆酒酿昂刺鱼

★酱烧仔排

☆目鱼大烤

★金汤肥牛

☆芙蓉大明虾

★菌菇百叶卷

☆杏鲍菇扣鹅肫

★古法东坡肉

☆虎皮凤爪

★彩椒炒目鱼条

☆黑椒牛仔骨

★清炒鳝丝

灯笼茄子

原材料： 粗的紫茄子，肉糜

制作方法：

1. 把茄子清洗干净，一剖为二，切成连刀片；
2. 将肉糜用少许盐和生粉、生姜末拌匀；
3. 把拌匀的肉糜塞在茄子里（按图所示），然后在七成热的油锅里炸透；
4. 往锅里放少许油和姜末，将剩下的肉糜放入一起煸炒，加少许水、生抽和白糖调味，然后把茄子放入烧开，再焖 10 分钟即可收汁勾芡。

河鳗大烤

原材料： 河鳗，叉烧酱，芝麻

制作方法：

1. 将河鳗清洗干净，用 60℃的水稍微烫一下，再把河鳗身上的粘液用抹布全部擦洗干净；
2. 将河鳗从背上开刀，然后再把龙骨去掉，用刀背在河鳗背上轻轻敲打一遍；
3. 加入黄酒、姜片、少许盐和叉烧酱一起腌制 20 分钟；
4. 将烤箱预热，然后上面 180℃，下面 180℃，把腌制过的河鳗放入烤 15 分钟，之后在河鳗上刷一层蜂蜜，撒上芝麻，再继续烤 10 分钟；
5. 把烤好的河鳗取出，改刀装盘即可。

木瓜彩椒炒虾仁

原材料： 木瓜，青虾仁，彩椒，白果

制作方法：

1. 取半个木瓜，掏空籽粒，蒸 5 分钟备用；
2. 将青虾仁、白果剖背冲洗干净备用，免上浆；
3. 将彩椒切成菱形片备用；
4. 把青虾仁、白果和彩椒出水，然后捞出；
5. 在炒锅内放一点水调味，然后将虾仁和彩椒倒入翻炒两下，即可勾芡，装入事先备好的木瓜里。

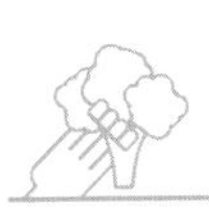

松子桂鱼

原材料： 桂鱼，松子，新的橙汁

制作方法：

1. 把桂鱼清洗干净，一剖为二，把龙骨去掉，把肚档上的边骨去掉，再把桂鱼肉按照纹条的方法切开，用生粉、鸡蛋和少许盐上浆；
2. 将油锅加热到七成热，然后把上好浆的桂鱼拍上干粉，直接放入油锅里炸至金黄色即可；
3. 往锅里放少许油，加入番茄酱煸炒，然后加入水和新的橙汁，放少许糖调和之后勾薄芡，浇在炸好的桂鱼上，再撒上松子即可。

小银鱼煎蛋

原材料： 小银鱼，鸡蛋（2个），胡萝卜丝，菠菜叶

制作方法：

1. 将小银鱼清洗干净，稍微出下水；菠菜清洗干净切丝
2. 将鸡蛋打碎，把出好水的小银鱼放到鸡蛋里，加胡萝卜丝、菠菜丝、少许盐，一起搅匀备用；
3. 往锅里放油滑锅，然后再把油倒出，将鸡蛋液倒入锅里慢慢煎，然后翻锅，直至两面呈金黄为止；
4. 将煎蛋出锅切块，装盘即可。

橙汁鸡柳

原材料：鸡胸肉，新的橙汁，鸡蛋，少许泡打粉，面粉，生粉，芝麻

制作方法：

1. 把鸡胸肉切成小条鸡柳，然后用鸡蛋、少许盐腌制一下，再将泡打粉和适量的面粉及生粉一起放入，均匀搅拌；

2. 将油锅加热到60℃左右，关火，然后把鸡柳一根一根放入，炸至金黄色捞出；

3. 往锅里加适量水，再加适量橙汁，待汁烧开后稍微勾芡，再把鸡柳倒入翻炒几下装盘，后撒上芝麻点缀。

香菇虾仁烩豆腐

原材料：香菇，盒装豆腐，虾仁，红圆椒，青圆椒

制作方法：

1. 盒装豆腐切成麻将块；

2. 将红圆椒，青圆椒和香菇分别切成丁，然后出水备用；

3. 虾仁开背去虾线，清洗干净并出水备用；

4. 往锅里放少许油，加入适量的姜末煸炒，然后加入青圆椒、红圆椒和虾仁，放少许黄酒和水，再加入切好的豆腐，大火烧开，小火焖2分钟即可出锅装盘。

清炖狮子头

原材料：五花肉糜，山药，青菜1棵，虫草花，枸杞

制作方法：

1. 把山药切成末，然后和五花肉糜一起用鸡蛋、盐、黄酒、姜末拌匀，撒上少许生粉再次拌匀；
2. 在锅里烧水，待水开后把肉圆做成图中所示形状，放入开水中煮2分钟，等肉圆定型之后，捞起来放入碗中；
3. 放3根虫草花，3粒枸杞和姜片一起放锅里，然后加上煮肉圆的水，上笼蒸30分钟拿出来；
4. 将青菜清洗干净，在水中煮熟，然后放在肉圆汤里面即可。

玉子豆腐酿肉

原材料：玉子豆腐（2条），肉糜

制作方法：

1. 把肉糜用姜末和盐、黄酒、鸡蛋调味，再放点生粉拌均匀；
2. 在锅里烧水，待水开后把拌好的肉糜挤成一个个丸状下水煮，至肉圆浮上水面即捞出；
3. 将玉子豆腐切段，中间稍微挖掉一点留出凹面，把做好的小肉圆一个个放在玉子豆腐上面，上蒸笼蒸3分钟，取出淋上彩芡即可。

千层包菜卷

原材料：卷心菜，肉糜，胡萝卜，鸡蛋

制作方法：

1. 把卷心菜的根部削掉一点，然后再放入开水里烹煮，待卷心菜的叶一张张散开，再将其捞起冲凉备用；
2. 将肉糜用鸡蛋、姜末、盐、生粉调味之后，用卷心菜把肉糜包起来，然后用胡萝卜丝扎一下即可；
3. 把扎好的千层包，上蒸笼蒸12分钟拿出，淋上彩芡即可。

黄瓜炒鳝背

原材料：黄瓜，鳝背肉，胡萝卜

制作方法：

1. 将黄瓜刨皮去籽，切斜刀片备用；
2. 将胡萝卜刨皮清洗干净，切片备用；
3. 鳝背切片备用；
4. 往锅里放油，等到油温至四成热时，把鳝背稍微拉下油；
5. 把黄瓜和胡萝卜片一起出水，往锅里放少许油，然后加入一点点姜末煸炒，再加少许水和盐调味，最后把黄瓜片、胡萝卜片和鳝背片一起倒入翻炒，勾芡后即可出锅。

三色目鱼花

原材料： 目鱼，彩椒

制作方法：

1. 将新鲜目鱼去皮去内脏后清洗干净，然后改成花刀在开水里烫一下即可卷起；
2. 彩椒切小条备用；
3. 把烫好的目鱼卷再次清洗一遍；
4. 往锅里放少许油和生姜丝煸炒，然后加少许水，用盐和胡椒粉调味，再把目鱼花和彩椒一起倒入煸炒几下，勾芡后淋上少许麻油即可出锅。

彩椒炒牛筋

原材料： 牛筋，彩椒

制作方法：

1. 将牛筋清洗干净，加姜片和黄酒在锅里煮开，然后以中小火焖 40 分钟；
2. 把彩椒清洗干净，切片备用；
3. 把煮熟的牛筋冲凉水后切小段；
4. 往锅里放少许水，加生抽、白糖和姜片，再把牛筋倒入，小火焖 10 分钟左右，再把彩椒倒入翻炒，淋上麻油即可出锅（注：此菜不需要勾芡）。

仔鸡百叶炖鹌鹑蛋

原材料： 童子鸡，百叶，鹌鹑蛋，虫草花

制作方法：

1. 将童子鸡去内脏清洗干净，剁成小块；
2. 将百叶切块；
3. 鹌鹑蛋煮熟之后剥皮备用；
4. 把锅烧热，放油，先将姜片煸炒，再把童子鸡倒入煸炒，放适量水，然后把百叶和鹌鹑蛋、虫草花一起放入，煮 20 分钟左右，即可收汁装盘。

松 仁 酱 仔 排

原材料： 猪肋排，松子，叉烧酱

制作方法：

1. 将猪肋排清洗干净，斩成四寸长，然后在七成热的油锅里炸一下（防止肉烧烂之后脱落）；
2. 往锅里放油，用生姜片煸炒，加水和叉烧酱、白糖、生抽，然后再把排骨放入，大火烧开，小火焖 30 分钟即可烧汁出锅；
3. 按图中的摆盘方式摆盘，然后撒上松子即可。

藕 带 炒 白 果

原材料： 藕带，彩椒粒，速冻白果

制作方法：

1. 将藕带冲洗干净；
2. 把藕带、彩椒粒和白果一起出水；
3. 往锅里放少许水，加盐调味，然后再把藕带、白果、彩椒粒放入翻炒几下，勾芡即可出锅。

香煎橙汁银鳕鱼

原材料： 银鳕鱼，新的橙汁，鸡蛋

制作方法：

1. 将银鳕鱼清洗干净，切成片，放少许蛋清，然后在上面撒一点干生粉（生粉千万别太厚）；
2. 往平底锅里放油，然后把银鳕鱼放入锅内，两面煎透装盘；
3. 往锅里放少许水，然后把新的橙汁倒入，加少许糖调开勾芡，最后将汁水浇在银鳕鱼上即可。

清蒸小鲍鱼

原材料： 小鲍鱼，粉丝，鸡蛋，鲍鱼汁

制作方法：

1. 把小鲍鱼挖出，清洗干净，并用牙刷把旁边的黑垢全部洗刷一遍；
2. 提前 5 分钟用温开水把粉丝泡好；
3. 小鲍鱼用黄酒和细盐、生姜腌制 10 分钟左右备用；
4. 把泡好的粉丝装进鲍鱼壳里，然后再把小鲍鱼盖在上面，放入蒸箱蒸 5 分钟即可；
5. 鸡蛋煮熟备用；
6. 往锅里放入少许水，加上鲍鱼汁，放少许糖调味并勾芡，均匀淋在鲍鱼汁上面，然后再用鸡蛋点缀即可。

莴笋炒北极贝

原材料： 北极贝，莴笋

制作方法：

1. 将北极贝一剖二，清洗干净之后切丝，同时将莴笋刨皮切丝；
2. 往锅里放水，待水开后，将莴笋丝和北极贝同时出水；
3. 往锅里放少许水，加少许姜丝调味，再把出好水的北极贝和莴笋一起倒入翻炒几下即可装盘。

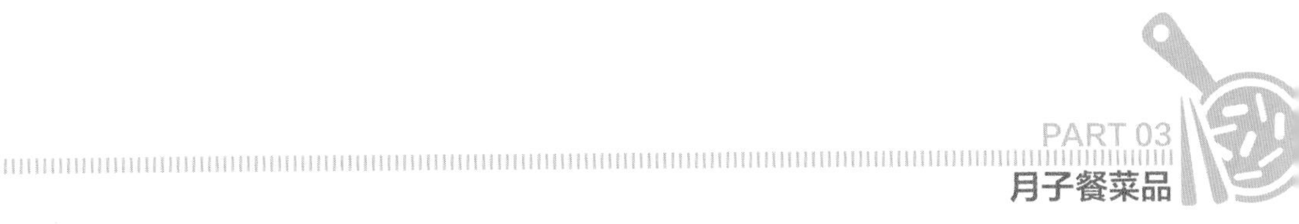

西蓝花炒牛筋

原材料： 西蓝花，牛筋

制作方法：

1. 将西蓝花清洗干净，切块，然后放在淡盐水里浸泡 15 分钟；
2. 将牛筋清洗干净，加葱、姜和黄酒一起煮熟；
3. 将煮熟的牛筋用冷水冲凉，然后切成小块；
4. 把西蓝花用盐开水烫到八成熟，然后按图中所示摆盘；
5. 往锅里放少许油，用姜片煸炒，然后加水，加少许生抽和糖调味，把牛筋放在锅里煸炒勾芡，最后把烧好的牛筋装在西蓝花当中即可。

芦笋炒虾蛄

原材料： 芦笋，皮皮虾，鸡蛋

制作方法：

1. 将芦笋去皮切成小段，出水备用；
2. 将皮皮虾两边剪掉，把虾肉剥出来清洗干净，再用少许盐和蛋清、生粉一起上浆；
3. 把用皮皮虾刨好的虾蛄稍微过下油倒出；
4. 往锅里加少许油，加生姜片，然后加少许水，用盐和胡椒粉调味，再把虾蛄和芦笋倒入一起翻炒，勾芡后即可出锅，按图所示装盘。

酱烧仔排

原材料： 猪肋排，排骨酱，冰糖

制作方法：

1. 将猪肋排斩成4厘米左右的小段，然后冲净血水；
2. 往锅里放水，加入适量的黄酒和生姜片，等水开后把排骨出水，断血水为止；
3. 锅烧热滑油然后放入姜片煸炒，再倒入排骨，加水，以淹没排骨为止，再加入适量的冰糖；
4. 大火烧开，加适量老抽，然后改用文火焖30分钟，即可收汁装盘。

酒酿昂刺鱼

原材料： 昂刺鱼，香菇末，胡萝卜末，肉糜

制作方法：

1. 将昂刺鱼清洗干净，往锅里放油和生姜爆炒，把昂刺鱼两面煎一下；
2. 往锅里放少许油，然后把肉糜、香菇末和胡萝卜末一起倒入，加黄酒煸炒，再把昂刺鱼倒入，放适量水焖15分钟，再把酒酿加入焖5分钟即可；
3. 勾芡，大翻锅装盘。

目鱼大烤

原材料：目鱼，叉烧酱

制作方法：

1. 将目鱼去皮去内脏，清洗干净，然后在目鱼背上直刀切上浅浅的竖纹后出水；
2. 往锅里放少许油，加姜片煸炒，然后加水，水需浸没目鱼；
3. 加少许叉烧酱、生抽、白糖，把目鱼放入煮开，再以小火焖20分钟，即可改刀装盘。

金汤肥牛

原材料：肥牛卷，金针菇，南瓜汁

制作方法：

1. 将金针菇去根，出水，放盘里垫底；
2. 往锅里放水，待水开后把肥牛倒入出水，待水一开，立马把肥牛捞起来放在金针菇上面，以免肥牛口感不够嫩；
3. 把南瓜汁倒入锅里，用少许盐和高汤调味，待南瓜汁烧开之后勾薄芡，然后淋在肥牛上即可。

芙蓉大明虾

原材料：鸡蛋（2个），大明虾，彩椒小菱形片

制作方法：

1. 把蛋清加湿淀粉打碎备用；
2. 往锅里倒油，当油温达到四成热，把蛋清倒入拉油成芙蓉，再把拉好油的芙蓉放在冷水里面泡洗干净；
3. 大明虾去头去尾后将头尾留着备用，把虾肉剥出来打片；
4. 用蛋清和生粉将虾肉稍微上浆。在锅里烧水，把蛋清和虾肉一起放入出水，再把它捞起；
5. 往锅里加少许水调味，把蛋清、彩椒小菱形片和虾肉一起倒入翻炒，勾芡装盘，以虾头尾点缀即可。

菌菇百叶卷

原材料：薄百叶，金针菇，胡萝卜，葱

制作方法：

1. 把薄百叶切成长5cm、宽8cm备用；
2. 把胡萝卜刨皮切成丝备用；
3. 金针菇清洗干净，将前面老头稍微去掉一些；
4. 把小葱用开水烫好备用；
5. 按图所示，把切好的百叶摊开，然后将金针菇和胡萝卜丝卷入，最后用葱扎起来，在蒸箱里蒸8分钟；
6. 将菜品端出摆盘，淋上彩芡即可。

杏鲍菇扣鹅肫

原材料： 杏鲍菇，鹅肫

制作方法：

1. 将杏鲍菇清洗干净，放糖、老抽、生抽、生姜一起卤40分钟；
2. 将鹅肫清洗干净，放黄酒、盐少许、葱和姜一起卤20分钟，把卤熟的鹅肫切片备用；
3. 用一个饭碗将鹅肫和杏鲍菇一片片按图样扣起来，然后把当中填满，上蒸笼蒸20分钟，再倒扣出来即可。

古法东坡肉

原材料： 冬瓜，肉糜，干香菇

制作方法：

1. 将冬瓜去皮去籽，切成长方块打花刀；
2. 把冬瓜在七成热的油温里炸一下备用；
3. 将香菇提前泡好，蒸熟，然后再切成和姜末一样粗细的细末备用；
4. 往锅里放油，把肉糜、姜末和香菇末一起倒入，加黄酒煸炒，放少许生抽和糖调味，之后加少许水烧开；
5. 把烧开的肉糜浇在冬瓜上面蒸15分钟，然后取出蒸好的冬瓜，把剩余的汁水倒入锅里勾芡，然后浇在冬瓜上面即可。

彩椒炒目鱼条

原材料： 目鱼，彩椒

制作方法：

1. 目鱼清洗干净打花刀，然后再把它切成小条；
2. 放一点干生粉用力捏几下，把目鱼再次清洗干净；
3. 彩椒也切成小条状；
4. 然后把清洗干净的目鱼条和彩椒加少许黄酒一起出水；
5. 往锅里放少许油，加入姜丝一起煸炒，然后加少许水和盐、白胡椒粉调味，再把目鱼条和彩椒一起倒入翻炒勾芡，出锅装盘即可。

虎皮凤爪

原材料： 凤爪

制作方法：

1. 鸡脚剪掉指甲，然后放少许老抽拌一下，油温七成热炸透；
2. 把炸透的凤爪放在冷水里浸泡两个 30 分钟，等到凤爪的皮发起来为止；
3. 往锅里放入生姜片煸炒，然后再把凤爪倒入加水，以淹没凤爪为宜！加少量的糖和生抽；
4. 大火烧开，然后改成中小火焖 10 分钟左右收汁即可（注：此菜不需要勾芡）。

清炒鳝丝

原材料： 鳝丝

制作方法：

1. 将鳝丝清洗干净，切小段；
2. 往锅里放水，然后加入黄酒，把鳝丝出水；
3. 往锅里放少许油，加姜丝一起煸炒，然后再把鳝丝倒入，加黄酒、胡椒粉、少许水、少许糖和生抽一起煸炒，最后勾芡，淋上麻油装盘即可。

黑椒牛仔骨

原材料： 牛仔骨，鸡蛋

制作方法：

1. 将牛仔骨上浆，加入黑胡椒粉、鸡蛋、少许老抽和少许生粉拌匀；
2. 往锅里放油，加热到五成热，把牛仔骨放入拉油，慢慢捂熟后捞出。
3. 往锅里放少许油，加入黑胡椒汁，放少许糖和生抽调味，然后把牛仔骨倒入翻几下，稍微勾芡，即可出锅。

第四阶段

滋养进补周

这一阶段产妇水肿消失，气血充足，精神气色佳，体力恢复，内分泌正常。因而月子餐调理进入热补期，目的在于固本培元、改善体质、增强身体机能、抗氧化、防衰老等。调理目的在于温补，即补气养血、益肾健骨、恢复体力、修复体形。

★特色走油肉
☆火龙果牛肉粒
★白灼基围虾
☆鲍汁扣对虾
★红烧肉烤蛋
☆鲍汁烩辽参
★日式烤秋刀鱼
☆特色猪脚姜
★三鲜鱼夹
☆爱心豆腐
★特色地三鲜
☆香米扣肉
★白玉香米船
☆红烧带鱼
☆秋葵肉糜球
★秘制烤鸭脯肉
☆彩椒炒杂粮
★板栗烧黄鳝
☆干烧大明虾
★秋葵爆澳带
☆芝士烤小青龙
★西蓝花烩鹌鹑蛋
☆姜丝海参
★百叶包鸡汤鹌鹑蛋
☆杂粮炖小鲍鱼
★番茄炖鱼片
☆生炒甲鱼

特色走油肉

原材料：五花肉，白糯米

制作方法：

1. 将五花肉出水，然后冲洗干净，抹上一层老抽，在七成热的油锅里炸至金黄色；
2. 往锅里放水，加少许老抽和生抽、糖，然后再把五花肉放入，以小火焖 40 分钟，待到冷却之后把它切成片；
3. 将白糯米提前 4 小时泡好，然后上蒸箱蒸 40 分钟。
4. 把蒸过的糯米饭拿出来，放入卤五花肉的汤汁，加糖一起拌匀，垫底；
5. 把切好的五花肉盖在糯米饭上，进蒸箱再蒸 15 分钟，将卤五花肉的汁烧开，勾芡淋上即可。

火龙果牛肉粒

原材料： 火龙果，牛里脊肉，彩椒粒，腰果，鸡蛋

制作方法：

1. 将火龙果一剖为二，然后把果肉挖出来，果壳备用；
2. 将牛里脊肉清洗干净，切粒，放鸡蛋、生粉和老抽一起上浆；
3. 往锅里放油，然后加热至五成热，把牛里脊肉倒入拉油，熟后再沥出；
4. 往锅里放少许油，加入姜末一起煸炒，然后加入黄酒、水、少许老抽、少许砂糖调味，最后把彩椒粒和牛肉粒一起倒入翻炒，撒上腰果，淋上麻油，按照图中所示装在火龙果里即可。

白灼基围虾

原材料： 基围虾

制作方法：

1. 将基围虾清洗干净，把须剪掉；
2. 往锅里放水和姜片，加少许盐，然后把剪好须的基围虾放入烹煮，煮到虾身蜷起、虾头虾尾相连即可。

鲍汁扣对虾

原材料：对虾，肉糜，香菇，鲍汁

制作方法：

1. 对虾背上开刀，把虾线去除干净，然后在六成热的油锅里炸一下备用；
2. 将鲜香菇、生姜切得和肉糜一样大小备用；
3. 往锅里放少许油，把肉糜、香菇末和姜末放入锅内一起煸炒，然后加入适量的水和鲍汁；
4. 待水开后，把虾放入，以小火焖 10 分钟后收汁，稍微勾一点芡，即可装盘。

红烧肉烤蛋

原主料：五花肉，鹌鹑蛋

制作方法：

1. 将五花肉清洗干净后切麻将块，然后出水，水开后把水面上的泡沫撇去，待五花肉块断血水后即可捞出；
2. 往锅里放水，将鹌鹑蛋放少许盐煮开、煮熟，然后剥皮备用；
3. 锅烧热后，把生姜片放入锅里翻炒，再把出好水的肉全部倒入锅内，用黄酒煸炒 15 分钟左右，再加水没过肉，把去好皮的鹌鹑蛋也倒入，用少许老抽、生抽和冰糖调味，待水开后改小火慢焖 40 分钟，然后收汁即可装盘出锅。

鲍汁烩辽参

原材料: 辽参，胡萝卜，鹌鹑蛋，西蓝花，鲍鱼汁

制作方法:

1. 提前用纯净水将干辽参浸泡 48 小时，然后放在 80℃的热水里密封起来再捂 12 小时，促使海参泡发完全；
2. 把泡发好的辽参剖腹清洗干净；
3. 用生姜、黄酒、鲍鱼汁、生抽、白糖加少许水调成卤汁，然后将辽参放进卤汁里，蒸 20 分钟取出；
4. 将胡萝卜、鹌鹑蛋、西蓝花分别煮熟备用；
5. 把卤汁倒入锅里勾芡，按图中所示摆盘即可。

日式烤秋刀鱼

原材料： 秋刀鱼

制作方法:

1. 将秋刀鱼清洗干净，然后用盐、黄酒、姜片腌制 20 分钟；
2. 烤箱调至上面温度 180℃，下面温度 180℃，将秋刀鱼放入烤箱烤 18 分钟后取出，然后改刀，点缀装盘。

特色猪脚姜

原材料：猪脚，生姜，鸡蛋，冰片糖，红糖，山西老陈醋

制作方法：

1. 将猪脚清洗干净，把上面的细毛刮净，然后出水，再次清洗干净；
2. 将生姜切片（生姜可以稍微多一点），往锅里放油，然后把生姜片煸炒，直到姜片两面都煎黄，调至小火，把山西老陈醋倒入，加红糖和冰片糖一起小火慢熬；
3. 把清洗好的猪脚倒入锅中，以浸没猪脚为宜；
4. 将鸡蛋煮熟、去壳，放于猪脚姜里一起小火慢熬，熬 40 分钟左右，待汤汁浓厚之后装盘。

三鲜鱼夹

原材料：青鱼，五花肉糜，鸡蛋

制作方法：

1. 将青鱼清洗干净，去头去尾去龙骨，将鱼肉切成蝴蝶片；
2. 用蛋清、盐和生粉将鱼片上浆；
3. 用姜末、鸡蛋、生粉和少许盐将肉糜上浆，把蝴蝶鱼片反铺在砧板上，把肉糜塞入鱼片底部，裹成饺子状；
4. 放蒸箱蒸 8 分钟即可，然后淋上彩芡装盘。

爱心豆腐

原材料：盒装豆腐，虾仁，鸡蛋

制作方法：

1. 将整块豆腐用爱心模具制成一个个“爱心”；
2. 用挖球器在爱心豆腐上面挖掉一点，制成凹面（以让之后虾仁可以平稳放在上面）；
3. 将虾仁用鸡蛋清、生粉加少许盐调味，然后将上浆好的虾仁一个个摆在豆腐上面；
4. 将爱心豆腐在蒸箱里蒸 2 分钟，取出后把一个个虾仁置于其上，淋上彩芡即可。

特色地三鲜

原材料：土豆，茄子，长豆角，青椒，海鲜酱

制作方法：

1. 将土豆和茄子、青椒分别切条；
2. 将长豆角切小段；
3. 往锅里放油，加热至七成热，把土豆、长豆角和茄子分别炸透；
4. 往锅里放少许水，加海鲜酱、糖、生抽、青椒一起调味，然后把炸好的土豆、长豆角和茄子倒入锅内一起翻炒，勾芡即可出锅。

香米扣肉

原材料：圆头糯米，五花肉

制作方法：

1. 将圆头糯米提前4小时泡好，然后上蒸箱蒸透；
2. 把五花肉切成麻将块，然后再出水；
3. 往锅里加油，放入姜片，再把五花肉倒入翻炒，然后加黄酒、白糖、生抽和少许老抽调味；
4. 待水开之后，改小火焖40分钟即可，以大火收汁后备用；
5. 把蒸好的糯米饭加少许糖和少许老抽，加淋一点扣肉汁拌均匀，然后按图中所示装盘即可。

白玉香米船

原材料：鸡蛋，白糯米

制作方法：

1. 将卤好的鸡蛋一剖为二，把蛋黄去掉，蛋白备用；
2. 将白糯米提前4小时先泡好，沥干水分，上蒸笼蒸透，再用少许老抽和白糖调味；

3. 把调好味的糯米饭裹在蛋白中间（原为蛋黄的位置），淋上勾芡装盘。

红烧带鱼

原材料：带鱼

制作方法：

1. 将带鱼清洗干净，切段，然后在油里煎至两面黄；
2. 往锅里放少许油和姜片，然后把煎好的带鱼放入，加黄酒、水、生抽和少许老抽调味，以小火焖 10 分钟左右，然后以大火收汁勾芡，即可出锅。

秋葵肉糜球

原材料：五花肉糜，山药，秋葵，鸡蛋

制作方法：

1. 将山药刨皮后剁成碎末，加入五花肉糜，加少许盐、生粉和鸡蛋一起拌匀；
2. 将秋葵直刀切片，如图中所示；
3. 把拌好的肉糜做成一个个小肉球，然后再把秋葵一片片贴上去，上蒸笼蒸 12 分钟，取出后淋上彩芡即可。

秘制烤鸭脯肉

原材料： 鸭脯肉，芝麻，黄瓜，樱桃小萝卜，蜂蜜

制作方法：

1. 将整块鸭脯肉去皮，然后用生姜、黄酒、少许生抽和少许老抽腌制 2 小时；
2. 黄瓜切片，樱桃小萝卜切成小蘑菇状备用；
3. 烤箱预热，上面 180℃，下面 200℃；
4. 把腌制好的鸭脯肉放入烤 15 分钟，然后拿出刷一层蜂蜜，撒上芝麻；
5. 把烤箱温度上面调到 200℃，下面 180℃，然后再把鸭脯肉放入烤 8 分钟；
6. 按图中所示改刀装盘即可。

彩椒炒杂粮

原材料： 罐装红腰豆，玉米粒，胡萝卜，彩椒

制作方法：

1. 将彩椒、胡萝卜切粒；
2. 把红腰豆倒出，和玉米粒、彩椒粒一起出水至熟；
3. 往锅里放水，用少许盐调味，然后把出好水的彩椒粒、红腰豆和玉米粒一同倒入翻炒；
4. 勾芡，淋上麻油，即可出锅。

板栗烧黄鳝

原材料：黄鳝，板栗

制作方法：

1. 将黄鳝剖肚去肠，清洗干净；
2. 把黄鳝背改一下花刀，再切成一段一段；
3. 往锅里放水，加入少许黄酒，待水开后把黄鳝倒入，并马上捞起，把黄鳝表面的粘液清洗干净；
4. 往锅里放少许油，用姜片煸炒，然后把黄鳝倒入，加黄酒一起煸炒，再加水，加少许老抽和适量糖，待水开后再焖 15 分钟，把板栗倒入一起再焖 5 分钟即可收汁，勾芡装盘。

干烧大明虾

原材料：大明虾，酒酿，肉糜，香菇，彩椒

制作方法：

1. 把大明虾背部破开，将虾线去掉，然后在 70℃的油温里炸一下，捞起备用；
2. 把香菇和彩椒剁成粒状；
3. 往锅里放油，加入少许姜末，然后把肉糜倒入，加适量黄酒一起炒透；
4. 将彩椒末、香菇末和酒酿一起倒入锅中焖 10 分钟，然后改大火收汁勾芡，最后将烧汁浇于虾上。

秋葵爆澳带

原材料： 秋葵，彩椒，澳带，鸡蛋，黑胡椒汁

制作方法：

1. 将秋葵和彩椒清洗干净，切斜刀片；
2. 将澳带化冰后切圆片，然后把水分吸干，用蛋清和生粉上浆；
3. 把秋葵和彩椒一起出水备用，然后加少许盐调味翻炒即可；
4. 将澳带用五成热的油稍微拉一下油，然后把黑胡椒汁加少许糖和水勾芡备用；
5. 用秋葵垫底，把拉好油的澳带铺在上面，然后淋上事先烧好的黑胡椒汁即可。

芝士烤小青龙

原材料： 小青龙，芝士，黄油

制作方法：

1. 把小青龙对半剖开，去鳃、沙囊、肠子，洗净备用；
2. 加入黄油和芝士调味后抹在龙虾上；
3. 进烤箱加热到 200℃，根据虾的大小烤炙 15~20 分钟，至虾壳全变红即可。

西蓝花烩鹌鹑蛋

原材料：鹌鹑蛋，西蓝花

制作方法：

1. 将西蓝花切小块以后用淡盐水泡15分钟，然后清洗干净；
2. 将鹌鹑蛋煮熟之后去壳，然后在七成热的油锅炸一下；
3. 往锅里放水，加少许生抽和老抽、白糖调味，把鹌鹑蛋放入烧开，然后再以小火焖15分钟后收汁勾芡；
4. 把清洗好的西蓝花放水里烫到七成熟，往锅里放少许水和少许盐调味，然后再把西蓝花倒入翻炒勾芡；
5. 按照图中所示，先把西蓝花围一圈，然后把烧好的鹌鹑蛋堆在上面即可。

姜丝海参

原材料：水发海参，彩椒

制作方法：

1. 将海参清洗干净，然后切条；
2. 往锅里放水，把海参出水至熟；
3. 往锅里加少许油，然后加入姜丝和彩椒一起煸炒，放少许水、少许盐和姜汁调味，然后把海参倒入焖3分钟，收汁勾芡即可。

百叶包鸡汤鹌鹑蛋

原材料：薄百叶，鸡胸肉，鹌鹑蛋，鸡蛋

制作方法：

1. 将鸡胸肉清洗干净，然后加蛋清、少许盐和生粉，在料理机里一起打碎成鸡肉茸；
2. 将薄百叶切成长方形，然后把鸡肉茸包进去，上蒸笼蒸 5 分钟定型即可；
3. 往锅里放水，把鹌鹑蛋煮熟去壳；
4. 往锅里放适量水，加入姜片和胡椒粉，然后把鹌鹑蛋、百叶包一起小火焖 20 分钟，加少许盐调味即可。

杂粮炖小鲍鱼

原材料：小鲍鱼，红豆，野米，薏米仁，鹌鹑蛋，花生，黄南瓜，鲍鱼汁、鸡汁

制作方法：

1. 先将所有杂粮清洗干净，浸泡 2 小时，然后上蒸笼蒸熟；
2. 将黄南瓜蒸熟打成泥；
3. 将小鲍鱼清洗干净，改花刀后在锅里出水，用少许鲍鱼汁调味煮熟；
4. 把鹌鹑蛋煮熟之后去壳备用；
5. 把所有杂粮倒入锅里，用少许南瓜泥调色，加少许鸡汁，然后把鲍鱼放入一起焖 2 分钟，按图中所示摆盘。

番茄炖鱼片

原材料：番茄，黑木耳，青鱼中段，鸡蛋

制作方法：

1. 将青鱼中段清洗干净，去骨去皮切片，用蛋清加少许盐和生粉上浆；
2. 将番茄在开水锅里煮一下，把皮去掉，然后切成粒；
3. 在锅里烧水，待水开后，将鱼片一片片放入煮熟，捞起来备用；
4. 往锅里放少许油，加入姜末和番茄丁一起煸炒，再加入少许水，然后把鱼片和黑木耳放入一起烧开，用少许盐调味，再焖 3 分钟即可出锅。

生炒甲鱼

原材料：甲鱼，彩椒，黄瓜

制作方法：

1. 将甲鱼杀好之后去内脏，在 70℃的水里稍微烫一下，把上面的一层衣清洗干净；
2. 黄瓜去皮，切片，彩椒切片备用；
3. 将甲鱼斩小块，往锅里放少许油，加入生姜片煸炒，然后再把甲鱼、黄瓜片和彩椒片倒入，加少许黄酒，一起翻炒，再加水，加少许盐调味，最后收汁装盘。

PART 04
十大
月子餐禁忌

伤筋动骨 100 天，产后新妈妈应禁食生冷、坚硬和过于刺激的食物。所有东西都必须烧熟、煮透、煮烂，禁止食用冰箱里刚刚拿出来的水果、牛奶和饮品类的食物，浓茶、咖啡和烈酒千万别碰。、

禁忌 1 油炸食物

产后新妈妈需要补充丰富的营养，但不宜吃油炸食物，要知道，淀粉类的食物经过油炸之后会产生丙烯酰胺，而且温度越高产生的丙烯酰胺就越多。丙烯酰胺对大脑的影响非常巨大，摄入量过多会造成记忆力下降、反应迟钝等现象。另外，多数产后妈妈属于燥热性体质，原本就容易出现油脂分泌旺、口干、口渴等现象，此时食用油炸、燥热食物会使新妈妈上火，口舌生疮，大便便结，而且火气会通过乳汁传给宝宝，造成宝宝内热加重。因此新妈妈应该少吃或不吃油炸的食物。

禁忌 2 暴饮暴食

随着宝宝一天天长大，宝妈的胃口也一天比一天好，虽然在产后第二周新妈妈的肠胃要比之前好了很多，但也要控制食量，绝不能暴饮暴食，暴饮暴食只会让新妈妈的体重增加造成肥胖，对于哺乳妈妈而言，如果奶水不充足，我们可以通过药食同源的原理，帮助她产后多产奶水，如果新妈妈的奶量正常，能够满足宝宝所需，则进食量应该与正常持平，而不是要多加量。所以我们的饮食在保证奶量充足的同时，一定是可以帮助宝妈在月子期间减肥的。

禁忌 3 生冷食物

产后新妈妈脾胃功能较弱，食欲缺乏，而生冷的食物会损伤脾胃并对食物消化造成不利的影响，过于寒凉的食物可能会导致新妈妈腹痛、恶露不尽等症状，需要注意的是，新鲜的蔬菜水果不是寒凉食物，夏天常温下存放的水果可以直接吃，冬天的话可以切块后在温水里浸泡片刻再食用。放在冰箱中的饮料、冰水以及饮料等，产后新妈妈是不宜吃的，不仅影响身体健康，还会影响乳汁分泌，对宝宝的健康造成影响。

禁忌 4 辛辣燥热食物

产后新妈妈负担着哺乳的重任，吃辛辣燥热食物会令乳汁带上火气，导致宝宝上火，还会引起便秘。此外，产后新妈妈代谢改变，原本就容易出现产后便秘、痔疮等问题，此时吃辛辣燥热食物会加重产后不适症状，而且产后新妈妈脾胃功能尚未恢复，不易接受辛辣、燥热食物的刺激，所以平时口味较重的产后新妈妈此时最好忍一忍，月子期间还是以清淡、少油、少盐为宜。需要注意的是，辛辣燥热食物除了人们意识到的辣椒、大蒜、咖喱等外，还要注意花椒、八角、桂皮、孜然等热性香料的摄入。

禁忌5 大补之物

产后新妈妈不宜食用人参、党参、西洋参、鹿茸等大补之物，可以适当用红枣、紫姜、荔枝等温补之物。但需要注意的是，此类食物不能大量连续食用，尤其是在产后半个月内，可能会增加恶露量，延缓新妈妈身体恢复。此外，新妈妈食用桂圆要选对时间。桂圆含有抑制子宫收缩的物质，不利于产后子宫收缩恢复，亦不利于产后瘀血的排出，所以利用桂圆补身体需待产后恶露排尽之后。

禁忌6 偏食挑食

我们的餐点根据中国哺乳期的营养膳食宝塔来合理配餐，虽说很多都是个性化调理，但很多新妈妈还是存在挑食现象。其实，不挑食、不偏食，比大补更重要。因为新妈妈产后身体的恢复和宝宝营养的摄取均需要均衡而全面的营养。所以新妈妈千万不要偏食和挑食，要讲究粗细搭配、荤素搭配，这样既可以保证各种营养的摄取，又可以提高食物的营养价值，对新妈妈身体的恢复更有益处。

禁忌7 过早节食

很多新妈妈注重自己形象，在月子里就开始减肥，说月子餐每一顿都如此丰富，出了月子肯定要胖一圈。殊不知，很多的实践案例证实，我们的月子餐只发奶不发胖。其实新妈妈真的不应急于在月子里节食，产后身体恢复和哺乳需要足够的水分和脂肪，一旦节食，营养摄入下降，不仅会影响乳汁分泌，还会延长身体恢复时间，身体代谢也会变慢，反而不利于减肥。所以此时不但不能减肥，还要多吃一些富含营养的食物，提高母乳质量，并满足自身恢复的需求。

禁忌8 空腹喝牛奶、豆浆和酸奶

产后新妈妈不宜空腹喝牛奶、豆浆，大家都知道牛奶和豆浆中都含有大量的蛋白质，空腹饮用，不利于新妈妈消化。建议新妈妈将牛奶、豆浆和其他食物搭配饮用，或者在饭后吃。空腹饮用酸奶，胃中的胃液会抑制酸奶中的活性营养成分乳酸菌，大大降低酸奶的营养价值和保健作用。另外，乳酸菌也怕热，所以酸奶也不宜加热食用。新妈妈可以将酸奶放在常温环境中 30 分钟后再直接饮用。

禁忌  未排气就食用胀气食物

不管是顺产还是剖腹产的妈妈，都要等到排气后进食，对于顺产的妈妈，一般 3 小时后才会排气，剖腹产的妈妈则要 6 小时后才会排气，所以在没有排气之前，禁食任何食物，以免胀气。对于剖腹产的产妇来说，没有排气之前胀气食物一定要禁食，因为吃胀气

食物会导致肠内代谢物增多，滞留时间延长，造成便秘、产气增多、腹压增高，不利于肠胃的康复。如鸡蛋、豆类、牛奶、十字花科蔬菜中的西蓝花、甘蓝等都属于胀气食物。

禁忌 10 玩手机、看电视

每次在月子中心查房时看到新妈妈看电视、玩手机，我都会提醒她们，产后尽量别玩手机、看电视，如果真有需要，请控制在 20 分钟之内。原因主要有二：一是怀孕时因孕激素的上升，准妈妈眼睛产生水滞留，眼角膜的厚度增加 3%。到了孕中后期，眼角膜弯度会增加；到了产后停喂母乳才会恢复。另一方面，怀孕时结膜的小血管产生痉挛及收缩，导致眼球血流减少，会造成视力模糊。怀孕或产后，眼部如果得不到休息与护理，眼睛老化速度会加快，对视力损害很大，非常容易造成视力下降。严重的话，还可能引发一系列眼部疾病，比如青光眼、迎风泪。

PART 05
十五大月子餐
争议食物

月子里吃得好不是所谓的大补，但一定要吃得对，吃得对不但能让产妇的乳腺顺利张开，而且能修复元气，且营养均衡不发胖，这才是新妈妈们所希望达到的月子餐食补。

争议1 老母鸡

刚刚生产之后，新妈妈身体特别虚弱，传统观点是多吃老母鸡汤可以恢复得更快，殊不知老母鸡汤是回奶的。产妇产后吃老母鸡汤，为什么会导致奶水不足呢？因为产妇分娩后血液中雌激素和孕激素的浓度大大降低，催乳素发挥促进泌乳的作用，促使乳汁分泌。产妇产后食用炖老母鸡，由于母鸡的卵巢和蛋衣中含有一定量的雌激素，因而血液中雌激素浓度增加，催乳素的效能就因之减弱，进而导致乳汁不足，甚至完全回奶。

争议2 红糖

传统认知里，红糖水在产后喝比较补身体，利于排尿，可以帮助新妈妈补血和补充碳水化合物，还能促进恶露排出和子宫复位，但并不是喝的时间越长越好。因为对于初产妇来说，子宫收缩一般都较好，恶露的颜色和量一般都比较正常。如果食用过多有活血化瘀功效的红糖，可能会使恶露增多，导致慢性失血性贫血，而且会影响子宫恢复以及产妇的身体健康。因此，产妇食用红糖最好控制在 7 天之内，因为产后 7 天，恶露逐渐减少，子宫收缩也逐渐恢复正常。如果久喝红糖水，红糖的活血作用会使恶露的量增多，造成产妇继续失血。而且还容易损伤新妈妈的牙齿。所以红糖水并不是喝得越多越好，产妇在分娩 7 天以后应多吃营养丰富、多种多样的食物。

争议 3 生姜

月子期间老姜是必不可少的重要食材，炒菜、煲汤甚至煲粥，都有使用。

同样是老姜，对于阳虚体质的人，可以起到温中散寒，补阳之功效；而阴虚体质的人吃过老姜，反而导致内火上升，身体发热。

争议 4 酱油

处于月子和哺乳期内的妈妈尽量不要吃酱油，首先，酱油属于过咸的食物。其次，酱油也含一定量的黑色素。对于剖腹产、体质弱、恢复慢的宝妈来说，伤疤颜色很容易加深。因此，一般顺产的宝妈，7 天之内不宜吃酱油；剖腹产的宝妈，14 天之内不宜进食酱油。

争议 5 醋

伤筋动骨 100 天，新妈妈产后身体各部位都比较虚弱，牙齿也都比较松动。酸性食物会损伤牙齿，给新妈妈日后留下牙齿易于酸痛的隐患。所以在产后前期，产妇应尽量避免食用生冷的醋，而用于菜品调味的少量熟醋是可以食用的。特别是胃口不佳的妈妈，可以通过少量的酸性食物开胃。

争议 6 味精、鸡精

味精、鸡精的主要成分是谷氨酸钠，新妈妈若进食，会通过乳汁进入宝宝体内，与宝宝血液中的锌发生特性结合，导致宝宝缺锌，出现味觉减退、厌食的症状。

争议 7 巧克力、咖啡

哺乳妈妈禁食巧克力，巧克力含的可可碱成分会随着乳汁进入宝宝的体内，影响宝宝的神经系统和心脏，导致宝宝消化不良，睡眠不稳，哭闹不止。养成一个不好的习惯只需要 7 天时间，而养成一个良好的习惯则需要 21 天的时间，所以新妈妈这个时候应尽量让宝宝养成一个良好的作息习惯，做到自己不喝咖啡、不吃巧克力。

争议 8 盐

传统的月子餐不放盐，这对原本食欲就欠佳的新妈妈可是一项艰巨的挑战。根据中国哺乳期的营养膳食宝塔，我们的新妈妈每天盐的摄取量应该小于 6 克，以 2~5 克为宜。如果新妈妈不吃盐，不仅不利于促进食欲，对宝宝的成长也是不利的。盐中的碘是保持大脑发育的重要成分，宝宝出生后进入大脑快速发育期，正需要大量丰富营养，也是需要碘参与的关键时刻。如果月子妈妈不吃盐会减少碘的摄入量，进而影响到宝宝的大脑发育。当然，由于分娩时水钠失衡，产后新妈妈都有不同程度的水钠潴留情况。为了身体的恢复，产后应以少盐饮食为主，在 2~5 克的这个范围内摄入的盐分是可以通过消化系统完全吸收的，不会给自身带来负担。但总体而言，月子期间饮食应以清淡为主，只可少盐，不可禁盐。

争议 9 水果、蔬菜

生活中有很多水果、蔬菜都是生冷食物，而且水汽比较大，以前认为产妇吃水果蔬菜会影响身体恢复，不利于乳汁分泌，其实这种观点是不科学的。由于分娩时身体流失了大量的血液，且身体恢复时的代谢变快，新妈妈正需要补充水分、维生素和矿物质。而且由于乳汁的分泌，新妈妈身体对各种维生素的需求会比平时增加 1 倍以上，此时摄入蔬菜水果不足才会真正影响身体恢复和乳汁分泌。此外，蔬菜水果中含有丰富的膳食纤维，能促进胃肠蠕动，正好可以预防产后新妈妈出现的长期便秘症。根据中国哺乳期的营养膳食宝塔，建议给新妈妈每日安排水果200~400克、蔬菜400~500克。

争议10 发奶汤

传统上认为新妈妈在生产后比较虚弱，要尽快摄入营养丰富的汤和滋补品，如鲫鱼汤、猪脚汤、排骨汤，这些可以补充营养，促进身体恢复、乳汁分泌，使宝宝得到充足的母乳。

其实，现在的月子餐不建议在产后立即摄入大量浓汤。首先，新妈妈的肠胃功能还较弱，无法消化太油腻的食物。大量食用浓汤，反而会加重新妈妈食欲匮乏的情况；其次，因为刚生产完毕，乳腺还未完全畅通，如果这个时候喝发奶汤很容易引起奶涨、奶结，甚至乳腺炎；再次，从宝宝的胃口来分析可知，产后前几天并非新妈妈催奶的最佳时期，刚出生的宝宝吃得相对少，此时分泌乳汁过多容易让奶水淤积导致乳房胀痛，且新生儿刚开始以喝寸奶为主，如果奶水太多，容易引起呛奶。

争议11 猪肝、乳鸽

传统认为，猪肝、乳鸽有回奶的功效，所以母乳喂养的妈妈不能吃，以免影响乳汁分泌。其实影响乳汁分泌的原因有许多，食物只占其中的一部分。而且食物的功效是因人而异的，并不是每一个产妇吃猪肝都会回奶。科学地说，凡是能促进子宫收缩的食材，都会在一定程度上影响乳汁分泌。原理是，宝宝吸吮乳头会引发子宫收缩疼痛，而猪肝有很好的促排恶露的功效；而乳鸽的软骨素可以修复伤口，对于剖腹产的妈妈尤其有效。因而，应尽量将猪肝和乳鸽安排在产后第一周食用。

争议12 蛋

老一辈妈妈认为，鸡蛋可以补血，是滋补身体的最好食品，吃得越多，新妈妈元气恢复得越快。鸡蛋含有丰富的蛋白质，易于消化吸收，确实是产后新妈妈滋补的佳品。不过，鸡蛋虽好，却不适合产后新妈妈大量食用。产后新妈妈肠胃蠕动能力较差，胆汁排出也受影响，如果过量食用鸡蛋，身体不但吸收不了，过量胆固醇也会对人体心血管健康有害，同时还会影响肠道对其他食物的摄取。如果蛋白质在胃肠道内停留时间较长，还容易引起腹胀便秘。根据中国哺乳期的营养膳食宝塔，每天应吃一个鸡蛋。而从营养学的角度来说，鸡蛋的营养成分都是一样的，只是在烹饪方式上流失的营养不同。一般情况下，白煮蛋的营养最好，其次依次为水煮蛋、荷包蛋、水炖蛋、炒蛋、煎蛋、蛋花汤、酱蛋、茶叶蛋。

争议13 小米粥

传统上，分娩之后一定要多喝小米粥，把小米粥当主食吃。这样吃的结果是，产后一周过后，新妈妈还是觉得劳累、没力气，情绪也受到影响。其实小米粥是很有营养的，但也不能一直以小米粥为主食，而忽视了其他营养成分的摄入。刚分娩后的两三天可以小米粥等流质食物为主，当新妈妈的肠胃功能恢复之后，就需要及时均衡补充多种营养成分。

争议 14 鱼汤

剖腹产产妇子宫受到创伤，应多补充动物性蛋白，鸡、鱼、瘦肉、动物血等。鱼类是新妈妈很好的进补食品，而且有利于下奶，剖腹产或侧切的新妈妈则不宜过多食用，因为鱼类，特别是海鱼类体内含有丰富的有机酸物质，会抑制血小板凝集，对术后止血与伤口愈合不利，特别是产后 7 天内都尽量不要喝鱼汤，亦不宜吃海鱼。

争议 15 阿胶

生产时失血过多，传统上认为阿胶是补血的上等佳品。所以很多妈妈生产完之后马上就吃阿胶补血。殊不知新妈妈产后需要尽快排除体内恶露，如果过早吃阿胶，很容易造成恶露不尽，也易引起失血性贫血。最好是在恶露彻底排净之后 15 天才开始吃阿胶。所以月子期间建议不要食用阿胶。

PART 06
各种病理性产妇的饮食调整

上火严重

哺乳期妈妈月子里吃多了高蛋白、高热量的补益性食物，再加上宝宝的到来打乱了妈妈以往的生活节奏，新妈妈们多少有些不能适应，所以容易着急上火，而妈妈上火会影响乳汁，宝宝也就跟着容易上火，引发湿疹、口疮或上呼吸道感染等。

上火的种类主要有以下几种：

心火：有心火的哺乳妈妈舌头、舌尖发红，心烦意乱，多梦，睡不着，小便颜色较黄且排尿时带有热辣刺痛的感觉，容易烦闷口渴；

肝火：有肝火的哺乳妈妈会出现眼干、眼痒、结膜炎、眼屎分泌多等症状，而且妈妈的脾气暴躁，易冲动，总是发脾气；

脾火：哺乳妈妈的舌苔黄腻，口干口苦，口腔生疮，想大量饮水；

胃火：有胃火的妈妈会出现口臭、牙痛、牙龈红肿、牙根发炎等症状，另外，大便还会干燥。

清火的水果有苹果、桃子、雪梨、香蕉等，它们都有清热排火的作用。蔬菜方面，可以多吃一些白菜，清热除烦、利大小便；芹菜、冬瓜、油麦菜、青菜、芥兰、丝瓜、菠菜、豆芽、芦笋、大豆及豆腐都能去肝火，解肺胃郁热，容易上火的妈妈常食有益；莴笋质地脆嫩，水分多，可以清热、顺气、化痰，适合肺胃有热的哺乳妈妈食用；圆白菜，适合心经有热、心烦口渴、便干尿黄的妈妈食用，可以清热解毒；莲藕，生吃或榨汁都行，可以清热生津、润肺止渴；茄子也可以清热解毒，但不宜红烧，可以采用蒸茄子的方法；百合具有清热、润肺、止咳功效，可以缓解妈妈咽喉肿疼、心烦口渴的症状。

乙肝

慢性乙型肝炎（简称“乙肝”），是指乙肝病毒检测为阳性，病程超过半年或发病日期不明确而临床有慢性肝炎表现者。临床表现为乏力、畏食、恶心、腹胀、肝区疼痛等症状。慢性乙型肝炎是由于感染乙型肝炎病毒（HBV）引起的，乙型肝炎患者和HBV携带者是本病的主要传染源，HBV可通过母婴、血和血液制品、破损的皮肤黏膜及性接触传播。所以发现产妇有乙肝的，我们要严格按照以下三个标准去操作：

（1）餐具分开使用；

（2）餐具单独消毒；

（3）最好在使用餐具前将其用开水煮15分钟。

妊娠糖尿病

针对妊娠期糖尿病，我们的饮食不但要控制糖分的摄取，而且要营养均衡。在月子期间粗粮的搭配占到了一定比例，比如再加餐，一定要专门准备一些玉米粥，小米粥里面少量添加几粒红枣，在正餐中选择少糖或低糖的食材。既要做到营养均衡，不影响宝妈的奶水，又要能控制总热量摄入，防止血糖过高。

（1）多选粗粮面包，白面包的GI(血糖生成指数)高，所以尽量少吃！可以用粗制粉带碎谷粒制成的面包代替精白面包；

（2）简单就好，蔬菜能不切就不切，谷粒能整粒就不要磨，多吃粗粮，增加膳食纤维，这样血糖不会上升太快，同时又增加饱腹感；

（3）吃含糖量低的水果，比如奇异果、白心火龙果等，在食纤维可摄取的份量范围内，多摄取高纤维食物；

（4）饭后可以喝醋，食物经发酵后产生酸性物质，可使整个膳食的食物 GI 降低，所以在食物中加醋或柠檬汁，也是调节 GI 的有效方法。

高血压

高血压的产妇饮食安排应少量多餐，避免过饱；必须吃低热量食物，每天主食摄入150~250克，动物性蛋白和植物性蛋白各占50%；可多吃大豆、花生、黑木耳或白木耳及水果。晚餐应量少而清淡，过量油腻食物会诱发中风。不吃甜食。多吃高纤维素食物，如笋、青菜、大白菜、冬瓜、番茄、茄子、豆芽、海蜇、海带、洋葱等，以及少量鱼、虾、禽肉、脱脂奶粉、蛋白等。低盐，每人每天吃盐量应严格控制在25克以内。腌制品、贝类、虾米、皮蛋以及茼蒿菜、草头、空心菜等蔬菜含钠量均较高，应尽量少吃或不吃。

甲减

甲状腺功能减退简称“甲减”，甲减妈妈如果可以哺乳，那么卷心菜、油菜或者是核桃之类的食物一定不能碰。而对于含胆固醇量丰富的食物，甲减妈妈也不能接触。其中，非常典型的就是奶油或者是动物的肝脏。维生素、蛋白质含量丰富的食物可以适当多吃一些。需要注意的是，对于生冷、油腻、刺激性较强的食物，甲减妈妈一定要远离。

甲亢

产后因为劳累而得了甲状腺功能亢进（简称“甲亢”）的话，产妇要注意自己的饮食，饮食有时候会决定治疗的效果。甲亢患者在生活中需要多吃含有淀粉、维生素或高蛋白以及高热量的食物，保证营养的供给。产后甲亢患者的饮食规律很重要，就算产妇按照医生的嘱咐按时吃药控制病情，如果在饮食上不注意，吃了一些不该吃的食物，甲亢病情也是极容易恶化的。甲亢是一种内分泌疾病，治疗起来需要很长时间，而且容易复发，所以月子妈妈平时要特别注意饮食和休息。

禁食：有碘盐、海产品（特别是海带、紫菜等高碘海产品）；

宜食：

（1）各种富含淀粉的食物，如米饭、面条、馒头、粉皮、马铃薯、南瓜等；

（2）各种动物类制品，如牛肉、猪肉、羊肉、各种鱼类；

（3）各种新鲜蔬菜和水果；

（4）富含钙、磷的食物，如牛奶、果仁、鲜鱼等；

（5）指标处于低钾状态时，可多食用橘子、苹果、香蕉等。

贫血

贫血是月子期产妇常见的一种症状。贫血不仅仅会导致头昏、乏力、消瘦，还会影响到各个内脏器官的健康。病程比较长的严重贫血患者还会出现心肌营养障碍，从而危及生命。贫血还可能造成大脑缺血，危险程度也很高。

对于贫血的产妇，应尽早帮她改善饮食，多吃富含铁的食物。动物类制品中的肝脏、血及肉类中铁的含量高、吸收好；蛋黄中也含有铁；新鲜绿色蔬菜中含有丰富的叶酸，叶酸参与红血球的生成，而叶酸缺乏会造成大脑细胞贫血，也可引起混合性贫血。

因此饮食中既要摄入一定量的肉类、肝脏、血豆腐；也要食用新鲜蔬菜。肝脏中既含有丰富的铁、维生素 A，也有较丰富的叶酸，而维生素 A 对铁的吸收及利用也有帮助。每周吃一次肝脏类食物对预防贫血是十分有好处的。

同时，应该多吃富含优质蛋白质、微量元素（铁、铜等）、叶酸和维生素 B12 的营养食物，如红枣、莲子、龙眼肉、核桃、山楂、猪肝、猪血、黄鳝、海参、乌鸡、鸡蛋、菠菜、胡萝卜、黑木耳、黑芝麻、虾仁、红糖等，这些食物在富含营养的同时，还具有补血、活血的功效。

附 录

附 录1

养生茶

以下所有养生茶都是结合大多数产妇的体质和常见产后问题，运用中医理论调制而成。

产后大量出汗，排恶露，还要喂奶，身体内的水分自然损耗很大，所以必须大量补充水分，但是常有宝妈反应：喝了大量的水还是不能缓解口干这类症状。这就是中医所说的阴虚火旺之症。那么能否吃一些清热的食物和药物来缓解呢？答案肯定是不可以，因为我们中国妇女寒性体质的比较多，而且从小就习惯了喝热水，产后热象并非实热而属虚热，只能用滋阴来调理，否则易损伤机体阳气，特别是脾胃阳气。妇科方面，寒凝则血虚，也不利于恶露的排出。

以下养生茶均采用阴阳并补的原则，性味偏温，温经散寒，有补气养血之意。我们建议产妇根据自身症状服用各式养生茶，综合其寒凉之性，以达到阴阳平衡。

补肾养肝茶（腰酸）

成分：杜仲10克，制何首乌10克，破皮熟芝麻10克

功效：补肾养肝、填精乌发，用于缓解产后腰酸背痛、四肢酸痛、须发花白、牙齿松动等症状。

安神助眠茶（失眠）

成分：灵芝10克，百合10克，薰衣草10克

功效：镇静安神、滋阴助眠，用于缓解产后失眠多梦、神疲乏力等症状。

利水消肿茶（水肿）

成分：薏米仁20克，玉米须20克

功效：利水消肿、清热除湿，用于缓解产后四肢水肿，便秘人群不适合服用。

四物补血茶（贫血）

成分：熟地15克，白芍15克，当归15克，川芎10克

功效：补血滋阴、活血生血，用于产后气血虚滞引起的头晕、目眩、耳鸣、唇白无华等贫血症状。恶露量偏多者不适合服用。

益气止汗茶（虚汗）

成分：黄芪20克，防风10克

功效：补气升阳、固表敛汗、风湿痹痛，用于缓解产后虚汗过多、气虚引起的脱肛、子宫脱垂、产后风湿等症状。

润肠通便茶（便秘）

成分：肉苁蓉10克，麦冬15克

功效：润肠通便、滋阴润燥，用于缓解产后便秘、口干、目赤等上火症状。大便溏泻者不宜服用。

行气通乳茶（乳腺不通）

成分：柴胡15克，炒王不留行15克，瓜络15克，路路通10克，穿山甲10克（需要炒熟）

功效：疏肝解郁、镇痛抗炎、软坚散结，用于产后肝气郁结所致的乳腺不通、乳房肿块、乳汁淤积等症状。（低烧时可添加蒲公英）

催乳下奶汤

成分：黄芪15克，党参10克，当归10克，通草10克，炒王不留行10克

功效：行气活血、补中益气、通经下乳，用于缓解产后奶水不足、乳汁不下等症状，生产一周内不建议服用。

停乳回奶茶（回乳）

成分：炒麦芽20克，蒲公英10克

功效：停乳回奶、消肿除胀，用于缓解断奶时引起的乳房胀痛、停乳回奶、淤乳消散等症状。

理血生化茶（恶露不尽）

成分：当归10克，川芎10克，桃仁10克，干姜10克，甘草10克

功效：养血祛瘀、温经止痛，用于缓解血虚寒凝、淤血阻滞、产后恶露不尽、小腹冷痛、子宫复旧不良、胎盘残留等症状。

美容养颜茶（无殊）

成分：玫瑰花15克，红枣片15克，陈皮10克，葡萄干10克

功效：美容养颜、行气活血、理气清心。

决明子茶（降脂明目）

成分；决明子10克，五味子5克，桑葚子10克，枸杞子5克，何首乌5克，龙眼肉10克，冰糖10克

功效：适合产后阴虚之便秘、心烦失眠、目干涩、目糊、口干、口苦和脱发之症。

附 录2

膳食营养宝塔

中国哺乳期妇女平衡膳食宝塔

（图片出自中国营养学会官方网站）